“十三五”国家重点图书

数学与人文·第二十四辑

Mathematics & Humanities

改革开放前后的中外数学交流

GAIGEKAIFANG QIANHOU DE ZHONGWAI SHUXUE JIAOLIU

主　编　丘成桐　刘克峰　杨　乐　季理真

副主编　李　方

高等教育出版社·北京

International Press

内容简介

《数学与人文》丛书第二十四辑将继续着力贯彻“让数学成为国人文化的一部分”的宗旨，展示数学丰富多彩的方面。

本辑的主题是“改革开放前后的中外数学交流”，我们特别邀请到了老一辈著名数学家杨乐院士、王元院士、陆启铿院士、万哲先院士和数学史专家李文林研究员，他们以不同的方式回顾了这段难忘的历史，为丛书的这一专辑提供了宝贵的文献；此外本辑还收入了王扬宗、季理真、陈志杰、黄宣国等学者的数学史研究或个人回忆文章。专辑其余部分则主要介绍国外的几位杰出数学家，包括 Jacques Hadamard、Gerhard Hochschild 和广中平佑等。

我们期望本丛书能受到广大学生、教师和学者的关注和欢迎，期待读者对办好本丛书提出建议，更希望丛书能成为大家的良师益友。

丛书编委会

《数学与人文》丛书序言

丘成桐

《数学与人文》是一套国际化的数学普及丛书，我们将邀请当代第一流的中外科学家谈他们的研究经历和成功经验。活跃在研究前沿的数学家们将会用轻松的文笔，通俗地介绍数学各领域激动人心的最新进展、某个数学专题精彩曲折的发展历史以及数学在现代科学技术中的广泛应用。

数学是一门很有意义、很美丽、同时也很重要的科学。从实用来讲，数学遍及物理、工程、生物、化学和经济，甚至与社会科学有很密切的关系，数学为这些学科的发展提供了必不可少的工具；同时数学对于解释自然界的纷繁现象也具有基本的重要性；可是数学也兼具诗歌与散文的内在气质，所以数学是一门很特殊的学科。它既有文学性的方面，也有应用性的方面，也可以对于认识大自然做出贡献，我本人对这几方面都很感兴趣，探讨它们之间妙趣横生的关系，让我真正享受到了研究数学的乐趣。

我想不只数学家能够体会到这种美，作为一种基础理论，物理学家和工程师也可以体会到数学的美。用一种很简单的语言解释很繁复、很自然的现象，这是数学享有“科学皇后”地位的重要原因之一。我们在中学念过最简单的平面几何，由几个简单的公理能够推出很复杂的定理，同时每一步的推理又是完全没有错误的，这是一个很美妙的现象。进一步，我们可以用现代微积分甚至更高深的数学方法来描述大自然里面的所有现象。比如，面部表情或者衣服飘动等现象，我们可以用数学来描述；还有密码的问题、计算机的各种各样的问题都可以用数学来解释。以简驭繁，这是一种很美好的感觉，就好像我们能够从朴素的外在表现，得到美的感受。这是与文化艺术共通的语言，不单是数学才有的。一幅张大千或者齐白石的国画，寥寥几笔，栩栩如生的美景便跃然纸上。

很明显，我们国家领导人早已欣赏到数学的美和数学的重要性，在 2000 年，江泽民先生在澳门濠江中学提出一个几何命题：五角星的五角套上五个环后，环环相交的五个点必定共圆，意义深远，海内外的数学家都极为欣赏这个高雅的几何命题，经过媒体的传播后，大大地激励了国人对数学的热情，我希望这套丛书也能够达到同样的效果，让数学成为我们国人文化的一部分，让我们的年轻人在中学念书时就懂得欣赏大自然的真和美。

前 言

李 方

中国数学界有一批杰出的前辈学者，他们从 20 世纪 70 年代末开始的改革开放时代走来，其学术高峰期就代表了当时国内学界的最高水平，之后又引领着中国数学界攀登高峰、融入国际数学发展潮流。尽管如今他们已经年迈，但作为亲历者，他们对那个时代有着重要、独特的认识和第一手资料。这些认识和资料必须保存下来，否则无疑将成为学术界乃至整个社会的重大损失和遗憾，不利于学术的传承和发展。

事实上，据我所知，在政府的支持下，学界已经有有识之士在做类似的工作，例如中国科学技术协会的老科学家学术成长采集工程等。但针对改革开放初期这段时间的历史保存工程，尚未引起人们的足够重视。本丛书在丘成桐先生等各位主编的引领下，希望在这一领域能起到应有的作用，这就是我们组织这辑的目的和初衷。

很幸运的是，我们的计划得到了杨乐院士、王元院士、陆启铿院士、万哲先院士和李文林研究员的肯定和大力支持，他们以各自的方式给丛书的这一专辑提供了宝贵的文献。

杨乐先生既是本辑的访谈对象，也是丛书的主编。他不仅无保留地提供了宝贵的文献资料和对这段历史独特的看法，也帮助我们联系各位前辈，为这项工作确定了关键的基调。他与合作者张广厚教授是改革开放以来很长时间里攀登科学高峰的典范，是那个时代年轻人的偶像。杨先生先后约我们去做了两次访谈，每次都访谈了很长时间。他对这个访谈非常重视，为我们奉献了一份弥足珍贵的史料。

王元先生是华罗庚先生的传人，也是那个时代偶像级的人物，是中国解析数论在 20 世纪发展的重要贡献者。他为那个时代数学的对外交流做了许多具体的工作。现在虽然年事已高，但他仍心系于如何让中国数学走到国际前沿。王元先生主动表示将以一篇短文来回应我们的访谈，阐述他对这段历史的认识。这就是在本辑中展现给大家的回忆文章。王元先生的认真和热情让人感动，这让我想起他作为 60 多年浙江大学的老校友，至今还珍藏着的当初在陈建功、苏步青等一代大师身边做“学霸”时的用整洁端正的小楷字所写的一本本笔记。

我在此特别要提的是陆启铿院士，因为他在完成这个工作后不久就不幸病故了。不知道这是否是他生前最后一次接受访谈。与王元先生一样，他也是为此专门写了篇文章来回复我们的访谈。对此，他给我写了信来解释，因其健康原因而不能当面访谈。从他的来信和提供的文章，我深切感受到一个真正的学者即使在自己面对困难之时，也表现出执着和平易，也不会忘记对于数学发展和这个社会的责任感。我可以想象他克服病痛的折磨、身体的不便，为撰写这些文字所做的付出。

我与几位前辈中在研究上最接近的，是万哲先院士，平时见到他的机会也相对多些。他的平易近人和关心后辈一直为代数界的同行所称道，所以对万先生的访谈，是在放松的心情下进行的。万先生娓娓道来，向我们展示了一段重要的代数发展历史，也涉及代数几何、数论等领域，使得我们对这些让人尊重的前辈同行在改革开放时代所做的研究工作、培养学生、推动交流等的重要意义有了新的认识。

李文林教授是几位前辈中唯一以对数学的历史研究见长的。对李老师的访谈以他自己在那个时代的经历和见解为基础展开，是各位院士所谈内容的很重要的补充，同时还体现了数学家兼史学家特有的人文情怀。

本辑还收录了其他几篇与中国数学的历史和现实有关的文章，包括：王扬宗的《华罗庚在数学与政治的夹缝中》，季理真的《中国数学与世界华人数学家大会》，陈志杰的《回忆和肖刚的忘年交》，黄宣国的《岁月流水忆当年》，等等。从这些文章可以看出，20 世纪 70 年代开始的改革开放以来，我国的数学确实取得了很大进步，与国际数学发展已经融为一体。随着社会经济的发展，海外人才回流潮的逐步到来，我们在许多数学领域的研究已经完全国际化。对现在成长起来的年轻一代中国优秀数学家来说，国际交流已是常态，这就是中国数学界的现状和最终让中国成为数学强国的保证。

目　录

春天的回忆

杨乐院士访谈

——改革开放前夕和初期我国对外数学交流琐忆

尼克松访华开启了学术交流的序幕

问：杨先生，请您谈谈“关于改革开放初期中国数学界与国际数学界开始的交流及其影响、作用”。

杨：我大致按照时间顺序来谈。“文革”时的乒乓外交以后，中国开始恢复对美国和西方其他国家的外交活动，先是 1972 年 2 月尼克松访华，然后有个别的学者来访问。我想从这里开始，主要说到 80 年代初，先把这一段我现在记得较清楚的外事活动和你们说一说。

“文革”期间的荒唐程度可以说是难以想象的，几乎所有从国外回来的人，比如留学美国、西欧或日本后回来的人都被怀疑成特务，理由是国外的物质条件更好，他们为什么不待在那儿而要回来。其实，1949 年之前出去的人，国家与家庭观念很重，而且在和平时期，教授的生活条件在社会上是相当高的，所以这些人大部分都回来了。可是在“文革”期间就是怀疑一切，尤其认为这些人都是资产阶级知识分子，甚至是反动学术权威，必定留恋国外优越的条件，回来就是另有企图，很有可能是潜伏的特务。

“文革”开始以来最早的外事活动就是 1971 年春天的乒乓外交。同年夏天，基辛格来为尼克松访华打前站。当时他的行动是十分机密的，因为美国要跟共产党领导的中国接触是很敏感的事情，可他肩负了重要使命，所以要避开各方，他先访问巴基斯坦，并在那儿装病休养，然后秘密地乘专机进入中国。在飞机上，有人坐在前舱，有人坐在后舱，他们开玩笑地争论谁是第一个进入中国的。

至于数学方面，王元院士的文章里回忆有一位美国数学家 C. Davis 曾经给美国政府写过所谓 Davis 报告，据说他是乒乓外交后第一个来中国访问的数学家，但我没有清晰的印象了。我记得的差不多最早的有陈省身，陈先生是尼克松访华以后，在 1972 年秋天到中国来访问的。

我对陈先生的来访有较深的印象，他那时 60 岁出头。他为了到中国来特意做了深灰色的中山装，那时他还相对年轻，很精神，跟经历过“文革”的国内知识分子不一样，有点气宇轩昂的样子。他能来一方面当然是在国际上的威望，另一方面他是应科学院的邀请来的，科学院的院长、副院长对他都是熟知的。所以一旦中国的政治气氛有所松动，华人学者会比较优先前来，像陈省身这样的水准高、影响大且为上层领导熟悉的学者是最早来中国的。从那时起，我印象中陈先生差不多每年都来，而且每次回来都做一些演讲。

问：那时陈先生主要是到中科院来吗？

杨：主要是到中科院，尤其是在 1976 年“文革”结束以前，那时北大和清华还是工宣队、军宣队在领导，迟群和谢静宜是极“左”地跟着“四人帮”跑，没有科学院稍许松动的气氛。

问：所以那时他到南开大学去也没法做什么事。

杨：不能做什么，在南开做事情是比较晚了，而且基本上是陈先生在美国已经退下来以后。美国当时大学教授的退休年龄一般是 70 岁，不像现在没有年龄限制，你只要身体比较好，能教课，就可以不退休。陈先生第一次回来时才 60 岁刚出头，确实显得精神抖擞。

陈先生那时演讲的内容，我记得的都是当时国际上一些比较重要的成就，比如 Atiyah-Singer 指标定理，这是他重点讲的，当然也包括他自己的工作，像 Gauss-Bonnet 公式的内蕴证明。那时因为这一类的演讲很少，虽说中国已经开始与国际交往，但是说实在的，外宾能来是很不容易的，陈先生来访，数学各个领域的人差不多都去听了，不仅有做微分几何的人，也有做分析、代数、方程和应用数学等的。

问：那时陈先生来，主要的邀请人是不是华罗庚先生？

杨：应该是由华先生出面的。另外陈先生在一次演讲中间提到了丘成桐的名字，并把名字写在黑板上，而且还说“丘”的英文写成“Yau”是广东话的原因。此事我记得很清楚，至于到底是哪一次演讲，我的印象就比较模糊了，因为那时（70 年代）陈先生几乎每年都来，但应该不是最开始的一次，我的印象是大约在 1974 年，丘先生已经有相当突出的工作了。

问：丘先生证明 Calabi 猜想是在哪一年？

杨：那是在 1976 年，比陈先生在演讲中提丘先生名字稍微晚一点，但 1974 年时丘先生已经成了斯坦福大学的终身教授。他拿博士学位是在 1971 年，那时其实陈先生已经对他比较了解，知道他的工作很不错，可是陈先生大概还没有想要在大庭广众下说他水平很高，毕竟陈先生是大数学家，我觉得大约到了 1974 年，虽然丘先生还没有解决 Calabi 猜想，至少从丘先生的潜力来看，陈先生觉得他已经很厉害了，值得在那样的场合提出，引起大家对他的重视。

问：丘先生这段的工作，当时在国内的人可能都不太了解。

杨：对，“文革”期间国内能得到的信息很少。例如国内所有的数学期刊和书籍都不出版了，出版的只有《毛泽东选集》和《毛主席语录》，你们对那段情况可能还不太了解。

学术期刊恢复

问：但对期刊而言，《数学学报》是不是还在出版？

杨：不是，《数学学报》从 1966 年的 6 月份以后停刊，停到 1972 年。1971 年 9 月 13 日林彪事件后，有一段是由周总理主持工作，总理明确地认为林彪是“极左”，所以他就要调整一下政策，其中包括在科学上。《中国科学》和《数学学报》从 1973 年开始复刊，《中国科学》最开始是季刊，而且这个季刊是数学、物理、化学、天文、力学、地理、生物、技术等都包含在里面，其中数学所占的比例较大，在一期的 150 ~ 160 页里，数学就常常占两篇文章。而《数学学报》更受“极左”的影响，从 1973 年复刊，每一期 96 页左右，前面大概 40 ~ 50 页是两报一刊社论和大批判的文章，都是与数学毫无关系的；后面的数学论文，大约是 5 至 6 篇左右，一年 4 期，共约 20 余篇，后面我还会再谈到。

从 1966 年到 1972 年，中国没有任何的学术杂志，更不用说学术书籍，因此《数学评论》(*Math Review*) 当然就认为中国根本没有数学方面的出版物。1966 年“文革”以来，《数学评论》未对中国发表的论文评论，这种情况一直持续到 1977 年的上半年，其实《数学学报》和《中国科学》已经在 1973 年复刊。可是并不能责怪《数学评论》，因为他们根本不知道。

问：我印象里现在很多重要数学分支的亮点或理论就是在 20 世纪 60 年代产生的。

杨：比如 Atiyah-Singer 定理是在 1964 年，当时代数几何也有了很大发展。

问：对，代数里很多重要的理论也是在 60—70 年代提出的。而我们正好在那时停止了研究和交流，因此我觉得这是我们现在赶起来特别累的一个原因。

杨：是的，这是很重要的原因，像美国和西欧，他们也经历了第二次世界大战，比如说 40 年代，学术就会受到影响，因为主要的精力投入到战争中。

问：不过那好像跟我们还是有点不一样，第二次世界大战时，西方数学家也并不是不能做数学。

杨：能做，但教育也受影响了，培养的优异年轻学者不多。而且这个影响会稍微滞后一点，比如那些年轻人的成长，学术环境的产生，所以我觉得差不多要到 50 年代才又陆续冒出一些优异的年轻学者，他们做出了很好的工作。

当然这只是大致的情况，不包含少数的特例。

问：您和张广厚先生主要的工作后来发表在《数学学报》或《中国科学》上了吗?

杨：是。当时发文章不是你要投稿就能投稿的，跟现在完全不一样，那时科学院算是受限制最少的地方，大学里的限制就更多了。我们的科研工作做完后要交给数学所业务处，由他们决定要不要投稿发表，而且当时不可以把文章拿到国外发表。

问：你们主要的工作是在 60 还是 70 年代做的?

杨：我们 60 年代做研究生期间就发表论文。我是 1962 年从北大毕业，1962—1966 年在科学院做研究生，在研究生期间发表了五篇论文，其中四篇论文发表在《中国科学》上，有些工作在国际上较有影响，三十年后仍有引用。"文革"时研究室撤销了，按照连排编制。后来到 1971 年"913 事件"以后，科学院从 1971 年底到 1972 年初开始恢复研究室。但是，那时整个舆论依然是由"四人帮"操纵，也就是说谁做科研工作似乎谁就是走资本主义道路，而走资本主义道路跟反革命几乎是等同的，随时可被批斗和进"专政队"。

幸好数学是以个人思维与工作为主的，比如当时每天要学毛主席著作，一位数学家可以手上拿一本《毛泽东选集》，而心里想的是一个数学问题，这样他们也没办法。可是搞物理搞化学的，他们需要做实验，而且做实验不是一个人就可以做，总要有一组人，比如七八人或者十几人，他们一起走资本主义道路、一起当反革命分子而中间没有人去报告，那是不可能的。这就是为什么刚粉碎"四人帮"，所谓"树典型"的陈景润或者我和张广厚都是做数学的，因为其他学科不可能这样做，他们的科研工作都全部停掉了。

说到国际交流，刚才也说了，那次陈省身来访还是极个别的，我当然去听了陈先生的演讲，还有其他华人数学家的演讲，如王浩、王宪钟、钟开莱、萧荫堂等。

复分析交流

杨：在我们这个领域，我亲自见到的最早的来访外宾是一位英国皇家学会会员，叫 A. C. Offord，做复变函数的，他是 1907 年出生的，属于 Hardy-Littlewood 学派，并且做得很不错。他 1974 年 10 月到中国来访问，作为一个教授，同时担任英中了解协会的主席，相当于我们的对外友协，但在英国他不是作为专门的政治家来做这个事情。他以英中了解协会主席的身份受我国对外友协的邀请访问中国，但他同时是一个数学家，并且已经看到我和张广厚在 1973 年《中国科学》上发表的文章（我们上一次发表文章还是

60 年代“文革”没有开始的时候)。

问：杨先生您那时才 20 多岁吧?

杨：我是 1939 年 11 月出生，1956—1962 年在北大念本科 (当时北大理科是六年制)，然后考进科学院数学所做研究生。当时大学的研究生是三年制，科学院的研究生是四年制，我到 1966 年毕业。所以从某种意义上讲，我是很幸运的，可以在“文革”之前完成整个受教育的过程。但从另一个意义下看也是很不幸的，就是到了 1966 年做好一切准备以后就发生了“文革”，什么工作都不能做，尤其像在科研和教育岗位上。

问：但您可以悄悄地在家里做吗?

杨：不行，因为我住集体宿舍，那时有家的人也搞得很狼狈，比如像吴文俊先生，他是接近关肇直的，而关肇直在数学所是被树为毛主席革命路线的代表，所以关肇直在“文革”期间的日子算是较好过的。但即使吴先生比较少受到批判，他原来是住一个单元——连客厅的五小间房子，“文革”期间就变成两间房子了。同一个单元要住好几家，厨房厕所都是共用。熊庆来先生也是这样，而且熊先生还受批判，说成是敌我矛盾，因为他在新中国成立前曾做过大学校长，社会地位比较高，还挂了一些有政治色彩的头衔，这些就暂时不说了。

Offord 本来跟我们没有关系，因为他是英中了解协会主席，但他本身是个数学家，而且看到我和张广厚的文章，他就提出到北京来时要访问我和张广厚。就像那时杨振宁来北京提出要见熊庆来的夫人，熊庆来已经去世了。这一类外宾提出来的访问要求很少，上面就比较当回事。

会见 Offord 是在 1974 年 10 月，大概 23 日这一天，我记得比较清楚的是那天天气虽不算很冷，但相当凉了，Offord 也有点觉得凉。我们过去并不认识，别的没什么好谈的，就由我给他介绍我们近期做的研究工作。他虽然是位老先生，还很认真地听。我在黑板讲什么内容，他都很详细地记录下来，而且中间也表示很感叹，他形容我们的工作是“惊人的”(“striking”)，因为除我和张广厚以外，还有吴文俊先生和戴新生 (戴是从中国台湾到美国念博士学位并在那儿工作，后来因为保钓的问题，他比较向往大陆，70 年代就回到国内了。起初在南开大学，可能在南开待得不太舒服，1974 年调到我们这儿来，科学院这边比学校相对宽松一点)，人并不多。Offord 说“惊人的”，当时吴先生和戴新生认为英国人通常不像美国人说话那样比较随便，他能这么说应该是真的有点受震撼。

他来中国访问时是伦敦帝国理工学院的教授，那可以说是国际名校，在英国是与剑桥、牛津相提并论的学校，而且是在伦敦地区以 Walter Hayman 教授为首的复变函数讨论班的场所。Offord 说他回到伦敦以后要在 Hayman 的讨论班上报告在北京见到的情况，他回去以后就介绍了我们的工作，从 1974 年 10 月他来访以后，Hayman 就跟我通信联系，中间再过了一年，到 1975 年大约秋天的时候，Hayman 就邀请我到帝国理工学院去访问。可是那时“文革”还没有结束，我根本去不了。这就是我经历的最早的一次复分析方向的外宾来访，其他没有参加的人都不太清楚，因为范围很小，Offord 的来访是非数学的。

问：在这之前，您跟张广厚是怎么跟国际同行交流的？

杨：那时没有什么国际交流。

问：但您需要看些最新的文献，那么您怎么得到呢？

杨：60 年代我们当研究生时，数学所的图书馆是比较不错的。1966 年 6 月，从广播北大的第一张大字报开始，“文革”期间有相当一部分杂志就停订了，但最重要的杂志还继续在订。1966—1971 年国外出版的一些重要的书籍，我们差不多都没有进口，我们的业务在这段时间基本上也停止了。以后数学所的图书馆曾增补了一部分书籍和杂志。

问：那时候从国外买来的杂志是原版进口的还是影印的？

杨：基本上都是影印的，那时根本不管国外的版权，闭关锁国，愿意怎么干就怎么干，完全不讲章法。一本国外的期刊出版以后，是先到四川的一个情报研究所，这可能就需要将近半年的时间，因为不是空运，而是海运，然后情报研究所把它影印出来，再分发到各地。

美国数学代表团的访问

杨：下面谈谈比较大的事情，就是美国数学代表团的来访。

美国数学代表团是 1976 年 5 月来访的，“文革”还没有结束。美国数学会做事非常认真，中国科学院外事局事先也跟我们说他们来之前要做准备工作，外事局的领导告诉我们这次人家来是很认真的，是来摸底的，看看我们发展到什么程度，因为外国人通过媒体根本得不到任何中国有用的信息。而他们派数学的人来摸底，也是经过中国允许的，因为当时中美对峙得很厉害，而数学离实际较远。中国要摆出一副样子来，说我们不仅革命搞得很好，其他各项工作也做得很好，所以准备了 60 多个报告，数学所占的份额不少，至少十几到二十个，高校也有一些，还有厂矿的比如推广优选法的。

美国人很认真，派了十个人来，中间有九位数学家，一位随行工作人员，其中纯粹和应用的数学家各占一半，身份也是比较高的，就像 Saunders Mac Lane，他岁数比较大，是团长；还有做单群分类很有名的 Walter Feit，普林斯顿大学的 Joseph J. Kohn，伍鸿熙；应用数学也有几位身份很高的，代表团的正式名字是美国纯粹与应用数学代表团。他们在中国待了大概三个多星期，回去也做了认真的讨论和小结，最后把那次对中国访问的情况写了一本报告，这本报告印成了一本 100 多页的书，给我们寄过来，而中间最重要、最实质性的，涉及数学交流的内容，大约有五页左右，1977 年在期刊《美国数学会通讯》(*The Notices of AMS*) 发表了，我们《数学与人文》丛书翻译的就是这个五页的报告。

问：一百多页的报告还能找到吗?

杨：当时有三本，收到以后就放在研究室，大家轮流传着看，过了几个月就不知道在哪儿了。不过最主要的内容就在五页的文章里。其中，无论在报告的当时还是后来，他们对 Nevanlinna 理论——就是我做的那个报告，反应是十分强烈的，伍鸿熙比较了解这方面的内容，他自己对这方面也有一些接触。按国外的习俗，当时他们九个人签名并要我也签名写了一张明信片寄给哈佛大学的 Lars Ahlfors 教授——复分析的权威，说他们在中国听到了很优秀的复分析的研究工作。

问：除了复分析，还有哪些比较好的工作?

杨：有陈景润的哥德巴赫猜想的工作，和我们的工作是两个评价最高的。在书面的五页报告里，将这两个工作相提并论。

除了这两项工作以外，报告对数论在近似分析中的应用（就是高维数值积分近似计算的数论方法）也有好评。关于其他应用的方面，报告也做了些介绍，虽然那几位搞应用的数学家实际上对中国在应用方面的工作和科研的方针还是有点看法的。

以上是“文革”期间数学对外交流中发生的比较大的事。美国数学代表团是 1976 年 5 月来访的，由于有比较好的影响，同年 7 月中国科学院关于我和张广厚的工作出了一期内部简报，但这个简报在当时没有产生大的影响，因为简报出了不久就是唐山大地震，然后毛主席去世，再后来就是粉碎“四人帮”，所以其他事情都顾不上了。

另外，我留下比较深印象的就是著名数学家 André Weil 来访问，我记得时间应该是 1976 年 10 月上旬，粉碎“四人帮”是 10 月 6 日，Weil 到数学所来大概是 10 月 3 日左右。Weil 的水平很高，十分有经验，同时他很实在，明确地指出我们要对理论工作给予重视。另外，接待 Weil 时陈景润的表现也给我较深的印象。陈景润在“文革”时期 1973—1974 年已经第一次被宣传了，当时新华社记者顾迈南写的一份内参被江青看到，她知道陈的身体不好，所以转给毛主席看说要救救陈景润，实际上那时陈景润并没有到病危的程度，尽管陈景润身体很不好，不过对于江青批示的这句话下面的人就很重视，陈景润 1975 年成为全国人大代表。Weil 教授来的时候，本来按理应该是华老出面接待，但华老那时常常在外推广优选法，根本不在北京，于是数学所就请了北大的段学复教授接待 Weil，陈景润也是一个重要的人，我们也受到重视，参与接待，因为 5 月来访的美国代表团对我们的工作非常重视。

粉碎“四人帮”以后

杨：下面说粉碎“四人帮”以后的事情。“文革”期间对知识分子的政策绝对是错误的，尤其对于像上海的苏步青和杭州的陈建功这些著名学者。苏老的日子很糟糕，被批得比华老还厉害得多，因为在中国科学院的都是年龄稍大的人，造反行为尚不十分过火，但大学里那些一二年级学生把教授批斗得简直猪狗不如。

问：那时谷超豪先生是什么状况？

杨：谷超豪先生在“文革”之初，也受到冲击。他转得较快，同时由于他是地下党，得到了造反派的宽容。那时上海是张春桥、姚文元直接掌控的地方，那里有一个类似北京“梁效”的大批判组，复旦大学有几位老师与谷先生受到这个大批判组相当的影响。我 1977 年春天到复旦时，苏老由于“文革”期间受到非人的对待，因此对谷先生意见很大，在小范围提出了十分严厉的批评。不过，谷先生毕竟是苏老的得意弟子，很快苏老就改变了态度。谷先生与大批判组在“文革”中曾和陆启铿先生有瓜葛，听说是整了陆的材料。陆先生对此意见很大，一直耿耿于怀。

自从 Offord 到北京访问以后，Hayman 教授也一直想来北京。他 30 岁时就被选为英国皇家学会会员，是 Hardy-Littlewood 学派的传人，功底相当好。虽然他有来中国访问的愿望，可是在“四人帮”掌控时期，他邀请我去英国访问我不可能成行，他要来访也根本不可能。到了 1977 年，“四人帮”被粉碎了半年多以后，他正好要到香港去，因为香港当时是按照英国的制度，每隔一段时间就要请几位外面的专家来评议科研水平和办学效果如何，Hayman 去香港就是担任这种评议委员。他到了香港当然就很希望到大陆访问，但我们这里还是迟迟没批，最后他就提出自费来。于是 1977 年 6 月他来北京访问了几天，名义上是他自费的，到了北京以后，大概因为我和张广厚的工作比较出色，而且当时这样的外宾也非常难得，所以他在北京就由科学院招待，而香港到北京的旅费由他自理。

问：那时招待要用自己的钱吗？可否用科研经费支付？

杨：不，那时就是数学所招待的，而且事先要向科学院请示获得批准。差不多到 1979—1980 年，包括投文章，我们都要先将文章交给所里，不能自己寄出去，否则是违反规定的。

从 1973 年开始，我们几乎每年都在《中国科学》上有文章，有时在《数学学报》上也有，因此 Hayman 教授对我们的工作已经比较了解，他来访时，我们还报告了一些我们没有发表的文章，他当然对这些工作都非常称赞。最后有两个结果：第一个是他继续邀请我和张广厚到欧洲去访问，告诉我们这两年在西欧有哪些跟复变函数论有关的学术会议，问我们能不能去参加，以及到他们学校访问；第二个是他知道《数学评论》没有我们 1973 年以来好几篇文章的评论（过去 60 年代都是有的），他回去以后就给《数学评论》写了一封信，而且把信复印给我了，可是我的东西太乱了，已经找不到了，那是一封很长的信，主要的意思是《数学评论》现在为什么不评论中国的文章，中国在复分析方面有非常好的文章。实际上，关键问题并不能怪《数学评论》，因为 1966—1972 年中国没有任何学术期刊，一篇数学文章都没有，1973 年复刊人家可能并不知道，文章也不多。但 Hayman 写信后就马上恢复评论了。

问：1966 年以前的文章都有评论吗?

杨：是的，而且曾经有一段时间美国数学会用机器（计算机）翻译的办法把每一期《数学学报》都翻译成英文出版，我 1964 年在《数学学报》上发表过一篇文章，我看了他们的翻译，虽然稍微有点生硬，但基本上没问题，比如完全不懂中文的外国人也可以看得比较清楚。说实在的，那时《数学学报》的文章应该算是不错的，说不定比现在《数学学报》上的文章质量还好。

问：那时《数学学报》上的文章应该算是代表我们国家最高水平的数学文章了。

杨：对。那时候像陆启铿、王元等的文章主要在《数学学报》上发表，我算是个例外，因为熊老的资格很老，权威性很强，而且三次到法国，在法国住了十六七年，在他的概念中，觉得用中文发表文章不方便交流，所以让我们主要用法文写，他来修改，以他推荐的名义送到所业务处。因为我们做的这个方面，长期是法国很强，第二次世界大战以前，美国的数学还不十分先进，后来德国排犹，一大批高水平的犹太学者到了美国，再加上包括欧洲、中国、印度等一批很出色的学者到了美国，他们的数学才强大起来。

首次出访欧洲

杨：1978 年 4 月初，我和张广厚去欧洲访问。1978 年 3 月下旬刚开完全国科学大会，十一届三中全会还没召开，所以我们出去的时间确实还比较早。我没记错的话，我们大概是 4 月 4 日或 6 日从北京出发的。1977 年 Hayman 来访问时，他希望我们出去参加一些会议，其中一个规模比较大而且比较重要的会议在瑞士举行。我们这次出去是我国从 1966 年“文化大革命”开始以后科研人员第一次以学者个人的名义到国外进行学术交流，中国科协有记载。有一位叫张泽的院士，他原来是物理所的研究员，当周光召在科协任主席的时候，张一度被调到科协当书记处书记，负责国际交流的工作，他说根据科协档案的记载，我们是自 1966 年后第一次以个人身份去进行学术交流的，不单是数学，而且是所有学科中的第一次。

问：那次您是和张广厚两人一起去的吧？

杨：是的，还去了一位翻译朱世学（也是数学所的），作为翻译并照顾我们。Hayman 从中国回去以后，接着就跟欧洲的会议联系，给我们发来邀请，我们收到邀请当然就要上报。上报以后，科学院的外事局就打了一个报告上去，科学院的这个报告首先要经过院长，当时是方毅，他那时已经是政治局委员了，他批了一段话支持我们出访，意思是说我们的研究工作做得很不错，出去可以发挥我们的影响；后面是科学院国际合作局的报告，这个文件要把当时所有政治局委员的名字列上，每一位政治局委员都要看这个文件。你们现在也许很难想象，我们当时也没想到会这样，所以你就能想象到没有粉碎"四人帮"时 Hayman 想让我去访问，尽管我把他的来信报告给科学院了，但当时根本不可能得到批准。在这个文件上，我发现所有政治局委员的名字，除了有极个别可能不在北京没画圈的，其他的人都圈阅了。外事局在 1978 年 1 月 20 日左右把我叫到院部去看这个文件，让我们准备出国。

问：这文件还在吗？

杨：我不知道科学院有没有保留，因为很多年了，而且科学院办公的地方也重新装修过几次。

1978 年到瑞士和英国是我们第一次外出访问，在这之前，我和张广厚连飞机都没坐过，我们在数学所当了四年研究生，从 1966 年名义上转成工作人员，到 1978 年也 12 年了，可是在这期间都没有学术交流，国内的学术会议也完全没有，当时数学所没有什么出差的任务，而且那时即使国内出差也不坐飞机。这期间，我记得的唯一一次出差是 1977 年春天和几位学者去调研，我在上海见到苏老，赴沪前还去了南京。

下面谈谈在瑞士和英国的访问。苏黎世的国际函数论会议是个规模很大的会议，大概有 100 多位学者参加，那个会议名义上是为瑞士联邦高工里一个搞分析的老教授举办的，他叫 A. Pflüger，我印象中他是 70 岁，在这个会后就退休了。Pflüger 是个很好的人，学术水平也很不错。在那个会上，有一些复分析领域很权威的学者：R. Nevanlinna 来了，那时他已经八十二三岁了，虽然已经白发苍苍，但身体还相当好；还有他的学生 L. Ahlfors，他在国际上很有地位，是哈佛的讲席教授，也是首届菲尔兹奖得主；Hayman 当然也来了；另外，瑞士联邦高工那时的系主任 Huber 也是搞复分析、函数论的，水平也很不错；还有其他西欧做函数论的学者，比如后来做国际数学联盟秘书长的 O. Lehto，长期在赫尔辛基大学担任数学系主任和学校里的院长；英国除了 Hayman 以外，还有一些学者；离瑞士较近的德国也去了较多学者，我们比较熟悉的有 G. Frank，E. Mues；还有意大利的 E. Bombieri，他那时已经拿到菲尔兹奖，但还没有到美国去；美国的学者有密歇根大学的 F. Gehring。中国有我和张广厚两人，而且刚开始参加会议的时候，会议上很多人都没想到会有两个中国人，有人误认为我们是日本人。

问：有没有海外的华人参加？

杨：没有。在我们的研究领域，当时海外并没有很强的华人学者。在这个会上跟这些学者接触，我们开阔了眼界。我和张广厚还约了 Nevanlinna，Ahlfors 和 Hayman 一起到外面去吃了顿饭。另外，我们跟 Bombieri，前面提到的两位德国学者和瑞士的同行都有一些交流。我和张广厚做了演讲，反应都很好。有一位新华社驻瑞士的记者陆明珠也和我们一起去苏黎世访问，做了报道，她平时在瑞士首都伯尔尼。

那时从中国去瑞士没有直达的航班，我们先到布加勒斯特，在那里的使馆住了一天，到瑞士后离开会还有四五天，在开会之前我们先被接到伯尔尼，住在使馆里最好的两个客房。使馆也没有碰到过这样的访问，同时我们在 1977 年 2 月已经被《人民日报》、新华社比较郑重地报道过，所以使馆十分重视，大使还召集了两位参赞与其他领导，和我们开了两三次会。这实际上是很不正常的状况，本来这种事应该司空见惯，不应该这么紧张的，但他们好像还考虑了各种各样的可能；同时他们也没经历过，怕出事情，他们的警惕性比我们高，比如知道国内外待遇的差距大，他们要把各种情况都照应好了。因此我们这次出去似乎看成跟他们外交人员一样，必须要二人同行。

无论如何，苏黎世之行对我们来说是开阔了眼界，而且效果比较好，记者也发了一些报道，那时在内地和香港的报纸都登了我们的消息。1979 年，Lehto 率领芬兰教育代表团访华时，就特地要会见我和张广厚。

苏黎世的会议结束以后，我们又回到大使馆，然后又去了瑞士的其他几个城市和日内瓦，每个城市都待了一两天，访问了当地的大学，接着就从日内瓦直接乘飞机去伦敦。在瑞士访问了两周，因为 Hayman 教授的邀请，我们到伦敦顺访一周。在伦敦时也是一切都搞得很正式，比如到伦敦机场，是中国驻英国代办去接我们，送到驻英使馆一个专门给学者提供的住地。在帝国理工学院访问的一周期间，Hayman 安排我们去剑桥大学访问了一天，又到伦敦东南一个叫坎特伯雷（Cantbury）的城市访问了一天。

这就是我们的第一次出国访问，访问结束后不久，当年 5 月正好国内的函数论会议在上海举行，那算是“文革”结束后第一次函数论的学术会议。

问：“文革”结束后国内数学哪个方向最早举行学术会议？

杨：我不记得了，但函数论应该算是比较早的。我们刚从英国回来不久，在北京待了十几天就又到上海去，我们在这个函数论会议以及上海科协的会堂报告了那次出访的经过，苏老都来听了，苏老的资格是很老的，但经过十年“文革”，他了解的主要是过去日本的情形，所以看起来他也对我们的报告感到新鲜。

至于您刚才问“文革”结束后国内数学哪个方向最早举行学术会议？我估计函数论会议是很早的，因为中国数学会在“文革”结束后恢复活动的第一次会议是 1978 年 11 月在成都举行的代表大会，而上海的函数论会议比这还要早半年。

我下一个涉及外事的重要活动是 L. Bers 来访。Bers 是一个有相当影响的数学家，在复分析领域除了 Ahlfors 外，可以说他是比较权威的学者。此外，他对美国数学界有比较大的影响。他访华的时间是 1979 年 5 月，是陈省身先生介绍的，因为 Bers 在美国数学界是很有权威和影响的人，大概陈先生了解他的访华意愿，同时也希望促成这个事情。Bers 访华首先是在科学院数学所，可是那时对来访的外宾，即使他做一系列演讲或地位很高，也不给他们任何报酬。不过当时的外宾数量很少，在北京访问结束后，我们一般都安排他们到其他地方去，一方面做点交流，另一方面是安排他们适当游览一下。Bers 来北京后，他就想约人陪他到外地去看一看，最好就是要专业相同的，英语也能应付，没有什么合适的人，所里只好把这个差事派给我。因此 Bers 在北京待了十几天以后，我就陪他到西安，然后到上海、杭州，再到广州，每个地方都待两三天，最后他就在广州出境，从香港回美国了，那时北京、上海还没有直达美国的航班，香港是有的。我就这么陪 Bers 夫妇在国内走了一趟。

Bers 访问后不久，陈先生又介绍了约翰・霍普金斯大学的多复变函数论学者 B. Schiffman 教授来访。这前后有不少其他的学者来访，例如著名教授 L. Nirenberg（柯朗研究所），E. M. Stein（普林斯顿大学）等。

第一次赴美访问

杨：1979 年 10 月初，我和张广厚应邀到美国访问了一学年，先是到康奈尔大学访问一学期，然后到普渡大学访问一学期，主要是因为这两个学校都有函数论方面做得很好的学者。

在康奈尔大学，有一位叫 W. H. J. Fuchs 的犹太裔教授，他原来是德国人，1914 年出生，在第二次世界大战爆发以前，未等到希特勒排犹就随全家迁往了英国，我不清楚他是在剑桥还是牛津受的教育，但他是受到 Hardy-Littlewood 学派影响的。第二次世界大战结束不久他就去了美国，而且长期在康奈尔大学。他为人非常好，有中国情结，还会说一点中文，因为他告诉我，他的父亲在 20 世纪 20 年代曾经在中国待过，而且认为那时的北京是世界上最美好的城市，曾打算全家搬到北京，就是这个原因他学了一点中文。

Fuchs 教授希望到中国来访问，而且很早之前就表达过这个愿望，那是在 1977 年秋天。当时在北京友谊宾馆召开了一个规模很大、历时一个月的学术规划会议，各个学科都派了许多学者参加，总共大概有一千多人，数学方面有五六十人，其中数学所有七八位，其他都是外地院校的，像苏老、柯召、李国平、吴大任、谷超豪、夏道行等都来了，所有人都住在友谊宾馆。开始的全体大会在友谊宾馆的大礼堂召开，而且很正规，有主席团，其中有三位数学家：华老、苏老和我，当然这个会议主要是中国科学院在里面起作用。中国科学院副院长吴有训先生知道 Fuchs 是复分析的专家，所以他在主席台上见到我说，王宪钟对他说一位康奈尔的同事（就是 Fuchs）想到中国来访问，可能还有一些文字的材料交给了他，因此我知道 Fuchs 很早就想来中国；另一方面，这也可以看出当时要来访问是多困难的事情，连吴有训这样身份的学者都不能决定，虽然那时“四人帮”已经被粉碎了，但国际交流还在慢慢恢复的过程中。

不过后来反而是我和张广厚应 Fuchs 的邀请先去美国访问，而他是过了一年以后，即 1980 年的夏天，才到中国访问。他来访问时也有点像刚才我说的 Bers 那样，北京访问结束后去各地访问并游览。当时浙大与科学院有一定的隶属关系，所以我们当然就介绍 Fuchs 到浙大访问。Fuchs 在杭州时，路上偶遇林芳华，对其复变函数方面的知识很欣赏，想收他做研究生。那时郭竹瑞先生很积极，希望把浙大数学系办好，他觉得励建书学得不错，就把励建书介绍给 Fuchs。于是阴差阳错，励建书通过 Fuchs 被推荐到康奈尔大学了。后来，林芳华到明尼苏达大学攻读，而励建书的导师回以色列工作，励就转到耶鲁大学了。值得庆幸的是后来两位都成了十分成功的学者。

这时候，Hayman 教授又来华访问，并做了系列演讲。

我和张广厚实际上在康奈尔待了不到一个学期。我们离开北京已经是 1979 年 10 月 6 日，那时去美国没有直达航班，得先飞到巴黎，中间又在巴基斯坦和阿联酋停留，在巴黎休息了两天，到纽约是 10 日左右，当时纽约下了相当大的雪，我们住在纽约的中国驻联合国代表处。因为半年前我们接待过 Bers，所以在纽约期间他带我们去逛博物馆，并且为了尽地主之谊，把我们接到他家里住了一晚。因此我们到康奈尔已经是 10 月中旬了，在那儿一直待到 12 月圣诞节前夕，差不多两个半月的时间，主要的东道主就是 Fuchs，他非常友好，给我们很多照应。尽管他水平很高，不过那时年纪已经比较大了，我们在康奈尔主要还是自己做一些研究工作。在康奈尔的一学期里，有不少学术活动。例如，那里的教授很关注丘先生的研究工作，并想聘请他，为此曾邀他来做学术演讲。

在康奈尔停留期间，我们去了纽约州的雪城（Syracuse）大学，它在美国也算是资格比较老的大学，那里有位函数论做得很不错的学者 A. Edrei，跟 Fuchs 有很多的合作论文；此外，我还到哥伦比亚大学、普林斯顿大学、约翰·霍普金斯大学和马里兰大学去访问和演讲。其中在哥伦比亚大学的活动是 Bers 邀请与主持的，那次演讲比较成功，结束以后他们就约我吃饭，这在美国都是自愿参加，除了演讲人的费用由系里付，其他人都是自己付餐费，那次有二十个人参加聚餐，一方面是因为 Bers 比较有影响力，另一方面是他们对演讲的内容相当感兴趣。在普林斯顿大学的活动则是由 J. J. Kohn 教授邀请与主持的。

此外，值得一提的是，在约翰·霍普金斯大学演讲的时候，周炜良也来了，他是约翰·霍普金斯大学的教授，尽管那时已经退休了，他知道我去演讲，还是特意来听了，还跟我聊天。他在国外生活了很久，从 1949 年到那时已经三十年了，而且 1949 年以前他在欧洲也长期待过，可是他的扬州口音还相当浓重。他说对我讲的那些还比较熟悉，因为抗战期间他在云南大学做过庄圻泰先生的助教，那时庄先生就讲一点 Nevanlinna 理论的基础内容。周先生对人非常友好，他的学术成就非常高，但没有什么架子。

我们结束在康奈尔的访问以后，1980 年初到普渡大学。那儿有两个比较年轻的学者，跟我的岁数相差不多，做得很不错，其中一位就是 Fuchs 带出来的学生，叫 David Drasin，是位犹太裔的学者，很年轻，已在普渡大学做了几年的正教授。另一位教授是 A. Weitsman。他们为我们的访问向美国科学基金会申请了经费，办了一个大型国际会议，有一百余位各国的学者前来参加，我在会上做了演讲。许多参会者是刚在德国的会议上见到的学者，我们感到十分亲切。我印象很深的是 Drasin 主持我的演讲时，除了盛赞我们的研究工作外，特别推荐了发表我们论文的期刊《中国科学》，大意是它很价廉物美。

在普渡大学期间，我们到密歇根大学、威斯康星大学和位于圣路易斯的华盛顿大学访问和演讲。在密歇根大学有复分析的著名学者 Gehring 和 P. Duren，在威斯康星大学有两位同行 S. Hellerstein 与 D. Shea 教授，还有分析方面的大家 W. Rudin 教授，在华盛顿大学则有十分优秀的青年学者 A. Baernstein II 教授，还有调和分析方面的大家 Weiss 教授。

虽然那次，我们未去伊利诺伊大学，但我们在普渡大学的国际会议上与该校学者有很多交流。以后，我还多次去伊利诺伊大学开会和访问，因为那里有 S. Bank，J. Miles，L. Rubel 和 J. M. Wu 等优秀的复分析学者。

我们在普渡大学一直待到 5 月学校放假才离开，途经加州、香港回国。途中我在斯坦福大学、加州大学伯克利分校以及香港中文大学都做了演讲。

德国之行与上沃尔法（Oberwolfach）会议

杨：在普渡大学期间，我还去了德国访问。因为 1978 年我在瑞士的会议上认识了一些函数论的德国专家，其中有一位是 Frank，他负责主持 1980 年 2 月在上沃尔法的函数论会议，于是他邀请我参会和做演讲。会议付给我的钱基本上够来回旅费，但他为了让我的经费更充裕一点，同时也觉得我应该去跟德国的函数论学者交流，因此他又介绍我到六所大学访问，其中包括他所在的多特蒙德大学，我在每个学校待两天左右。每次演讲他们都付我一笔演讲费，这就使得我的经费相当充裕，同时让我更了解德国同行的情况。

我的行程是这样的：普渡大学离芝加哥不太远，开车的话三个小时左右就到，然后从芝加哥的机场起飞，八九个小时就到法兰克福，从法兰克福机场坐火车沿着莱茵河往法国边境的方向走，就到了亚琛工业大学——路甬祥院长的母校，这是我到的第一所德国大学。一个比较深刻的印象是从法兰克福到亚琛中间要在科隆（离波恩较近的城市）换一次火车，当火车沿法兰克福到科隆这一段行驶的时候，往车窗外看，一边是莱茵河，一边是群山，风景非常优美，这是我在其他地方没有看到过的，虽然在芝加哥到德国的飞机上一夜没有休息好，但窗外的美景让我眼前一亮。

到亚琛时已是中午了，来接我的是数学系主任，他就拿着施普林格（Springer）的著名数学丛书 *Lecture Notes in Mathematics* 的一本作为接头的标志，不过他更容易认出我，因为我是中国人。他中午接我到旅馆后，接着就陪我到学校参观。我演讲定在下午六点开始，但实际上德国的演讲都比规定时间晚一刻钟，所以到六点一刻才开始演讲，讲到七点一刻，然后吃完饭时差不多九点，再进行派对，回到旅馆都十二点多了，不过那时我还年轻，精神很好，虽然前一夜乘飞机时基本上没有睡。

前面提到，这次德国之行主要是参加上沃尔法会议的。上沃尔法是在德国南部的黑森林地区，那里形成了每个礼拜开一次会的制度，所有参会的人周末到达，从星期一开始到星期五结束，散会后接连又是下一个会，每年除了像圣诞这些重大节日外，一年大概开 40 多个会。每个会的规模差不多就是 50 人上下，因为他们的硬件设施只能容纳这么多人。他们有两栋楼，一栋是供吃饭与住宿用的，一栋是图书馆和会场，条件还是很不错的，周围的风景与环境也很好，而且这形成了制度。也许我是国内第一个去上沃尔法的人，时间是 1980 年 2 月，至少那时国内的人好像还不太清楚上沃尔法。

我在上沃尔法跟一些学者交流了一个星期，比如跟之前就认识的 Hayman 教授。我在 1979 年曾与他合作过，因为他在整理 Littlewood 遗物时发现了一个笔记本里有一个猜想，是 Littlewood 在 1930 年左右提出的，到那时已经差不多半个世纪了，还没被解决。Hayman 写信向我提了这个问题，我看到后就觉得能做一个正面的答案，做了几天就把证明寄给了他。他看了以后认为这个正面答案实际上在附加了一个很弱的条件后就能说明 Littlewood 的猜想成立，但他不知道这个条件是否必要，于是他设法举了一个反例确定没有这个条件是不行的。举出这个反例十分费事，也是很见功夫的，他的功底很深，我们那次合作的文章发表在 1982 年的《伦敦数学会学报》(*Proceedings of London Mathematical Society*) 上。同一年我自己也有一篇文章在《伦敦数学会期刊》(*Journal of London Mathematical Society*) 上发表。

还有一个印象比较深的地方是在德国访问的最后一站——吉森 (Gießen) 大学，在法兰克福北边大概一百公里左右的一个城市，那个大学很古老。那时他们的数学系主任叫 D. Gaier，也是搞复变函数论的，做得很不错，而且为人很好，他终身未婚，把一生都贡献给了数学。那时他将近 50 岁，现在已经去世了。他觉得吉森大学最好的是数学系的图书馆，收藏很丰富，有中国 1949 年以前的《数学学报》(当时是苏老任主编)，我印象中那时我们数学所图书馆都没有老的《数学学报》，但我知道熊老家里是有的，因为他曾当过编委。

在吉森大学访问后，Gaier 邀请我乘他的车去上沃尔法开会，他说他大概每五年左右就要换一辆车，这当然给我的印象很深，因为我在国内已经算是待遇比较高的了，那时每月拿 100 多元工资 (原来科学院研究生毕业生的工资是 69.5 元，比本科毕业生要高两级，因为我们是四年制的，在当时也已经算不错了；粉碎“四人帮”后，1977 年 10 月开始有所谓的津贴，那时津贴的范围很小，陈景润、张广厚和我每月有 50 元的津贴)，但我们从来没想到拥有私人汽车。以前在美国康奈尔访问时，我们租了一个意大利裔美国人的房子，他自己住一楼，把二楼租给张广厚和我。他跟我聊天时说过去他遇到一个波兰人，波兰人告诉他说要节约生活五年才能买一辆轿车，他的意思是波兰人的日子真不好过，我们非常感慨，其实那时我心里想我们节约生活五年也远远买不到轿车。刚开始到美国时，我们连洗衣机也不会用。不过，现在已经发生了根本的变化，比如学校里的教授，也许只要节省一年的生活费就能买一辆普通的小轿车。

这次德国之行，还有两件事情可以讲一下。在我去德国之前，我就问 Fuchs 教授从德国回美国的签证有没有问题，Fuchs 也帮我问了，并且有关方面也回信说不会有问题，但当我在法兰克福申请回美签证时就遇到困难了。因为当时西方对共产党非常敏感，他们觉得我能单独出来旅行必定有政治背景，我那时还年轻，就约见美国驻德国法兰克福的总领事，谈了较久，并和他辩论起来，但是没有作用。最后费了很大的劲，Fuchs 通过美国国会议员的帮助才将事情解决。

另外一件事是，在西柏林访问时，当地函数论的教授周末请我去东柏林游览，我们事前不知道持中国护照到东柏林要不要签证，到了边防后，他们也没碰到过这种情况，当时我拿的是公务护照，所以签证官打电话请示，结果我不仅能过去，而且还有优待，因为他们把中国放在同一个阵营里，西德的人那时规定必须要按 1 : 1 的汇率换一定数量的马克，其实当时东德的马克不值钱，西德人最后离境时一般会把换来的东德马克再捐献给东德，而我拿着中国的公务护照则不需要兑换这笔钱。在那里，印象很深的是柏林墙，我从西侧可在很近距离内仔细地观察，而在东侧则要隔相当的距离了。

我在德国跟当地数学家聊天的时候，他们说想加强跟中国数学家的联系，希望授予一位中国数学家名誉博士，问我授给谁最合适，我说当然是华老了。

我们第一次去瑞士以及后来去美国，每次出国之前，钱三强副院长都找我们谈一次话，我们回来以后都要向他汇报。当时钱先生是主管数理方面的副院长，我们汇报的内容一方面是国外的科研教育体制，另一方面是我们专业的工作情况。因为毕竟在美国待了一个学年，所以我们把美国一些优秀之处看得很清楚，不仅是我们，后来王元院士他们去国外访问后也看到这些优点：首先是国外科研机构的非行政化，他们数学系是教授，尤其是水平、威望比较高的大牌教授起主要作用，秘书等行政人员只起辅助的作用，且人数很少，而当时国内科研单位的领导几乎都是行政人员和老干部，而且行政人员的比例很大；其次是国外的学术气氛非常浓厚，有些大学数学系会邀请学者去访问，每个大学都有比较多的学术演讲和活动，凡是交通比较方便或很有名望的大学差不多每天都有学术演讲，而那时的中国几乎没有这些活动；还有一个是不能近亲繁殖、在一个学校拿到博士学位后不能即刻留在该校的制度。这些我们都向钱三强报告了，钱先生听了我们的体会后十分赞同，并要求我们向全院做报告，其实他应该也了解国外的情况。实际上，当时我们看到的问题有不少一直到现在也没有完全解决。

我国加入国际数学联盟

问：可否讲讲中国加入国际数学联盟（IMU）的事情。

杨：我记得最早是在 20 世纪 80 年代初，我们跟国际数学联盟的秘书长老 Lions 通信，其中按照科协的原则讲到要坚持一个中国的原则——台湾是中国的一部分，不能支持在台湾举行重要的国际会议，Lions 回信说他们不仅不会支持在台湾举行国际数学会议，而且设想在 20 世纪末之前应该在北京举行一次国际数学家大会。

1982 年时，中国数学会副秘书长是王寿仁，我是常务理事，国际数学联盟约我们参加在华沙举行的各国代表会议（General Assembly），但那一年没能在华沙举行国际数学家大会。实际上我们到华沙并不能正式参加各国代表会议，因为中国还不是国际数学联盟的成员，我们利用会议以外的机会跟他们谈谈中国加入国际数学联盟的问题，跟国际数学联盟的主席和秘书长做了一些联络，各自阐明了观点。

1983 年我去瑞典 Mittag-Leffler 研究所访问，当时的所长是 L. Carleson，他是很有影响、有威望的数学家，那时他也请 F. Hirzebruch 到 Mittag-Leffler 研究所访问，Hirzebruch 那时是国际数学联盟的主席，我跟他谈了关于中国加入的问题。另外，赫尔辛基大学的 Lehto 那时是国际数学联盟的秘书长，因此我又趁他邀我去赫尔辛基大学演讲时跟他具体地谈，但有关的条件没完全谈好。

我在 Mittag-Leffler 研究所访问了两个月，跟 Carleson 比较熟悉，他过去曾是国际数学联盟的主席，对我们的情况也有所了解，他认为一些政治问题有时是会随时间而改变的，比如芬兰曾经是瑞典的一部分，但现在是两个独立的国家，所以他觉得国际数学联盟最好不要牵涉政治问题。那时台湾地区已经是它的成员（member），如果我们要把台湾驱逐出去，他们当然会感到为难。后来我国外交部稍微往后退了一点，不驱逐台湾也行，但需要修改会章，因为会章原来假定一个成员就是一个国家，必须要改成“国家或地区”，不过国际数学联盟说这样需要修改的地方太多，他们还是表示为难。为了这个问题，我们一直讨论，后来由于很多方面都在做工作，我觉得让国际数学联盟感到有压力的是当时中国大部分学科都加入了相应的国际组织，最后发现只有数学和地理两个学科的问题没有解决，上一级组织国际科学联盟理事会（ICSU）对其有压力，因此国际数学联盟也要后退了。

1986 年，当时吴文俊是中国数学会的理事长，我是秘书长，科协就找我说国际数学联盟后退了。于是吴先生和我作为观察员去参加在伯克利附近的奥克兰举行的各国代表会议，在会上提出了中国加入国际数学联盟的问题，当然之前已经进行了长时间的商讨。最后决定中国的大陆和台湾作为一个成员，统一用中国的这个名义加入，中国下面分两部分：中国数学会和位于台北的数学会，我们是接受这样的说法的。而那时台湾的数学会会长是赖汉卿，他为人比较实在，在会上没有反对。

国际数学联盟给了中国最高的 5 票表决权，这个表决权其实是没有很大意义的，主要就是决定每届的国际数学家大会在哪儿开，这并不是什么大问题。而我们和台湾作为一个成员，分配表决权的办法只能是两种：一种是我们 4 票他们 1 票，一种是我们 3 票他们 2 票，我想既然台湾代表在会上表现得较好，我们也应该把姿态放高一点，我就主动提出我们 3 票他们 2 票的方案，他们当然接受了。实际上这个表决权决定不了什么。

问：那么后来香港是怎么处理的？还有澳门呢？

杨：香港原来就是国际数学联盟的成员，是单独参加的。原来也有点含糊，实际上是以地区的名义加入，他们有 1 票表决权。澳门当时没有加入。

开放初期的学术活动

杨：下面谈谈陈省身和丘成桐先生的几件事情。

正如之前说的，丘先生因年轻，来访实际上并不算很早，他最早于 1979 年夏天到科学院数学所访问，是华老邀请的。因为丘先生 1976 年解决了 Calabi 猜想，1978 年被邀请在赫尔辛基的国际数学家大会上做一小时演讲，所以华老马上就邀请他来中国。他那次做了比较长时间的讲学，我也去听了。

1980 年，丘先生应邀来参加第一次的双微（微分几何、微分方程）会议，那是由陈省身先生主持的，在北京举行。据说陈先生之所以要举办双微会议，是因为物理界由杨振宁和李政道发起了 1979 年在广东从化举行的会议，非常成功，而且规格也很高，详细的情况在陆启铿先生的文章里已经提到。1979 年时丘先生是一个人来的，而 1980 年双微会议时，他和夫人一起来，他夫人那时已经怀了第一个孩子，而且反应比较重。

在这里我们要提到在粉碎“四人帮”后陈先生主持的几次重大的活动。一个是双微会议，这又要提到苏老了，苏老是不太赞成双微会议的，因为他觉得双微会议没有把他与国内学者放在重要的位置上。中国数学会 1978 年 11 月底到 12 月初在成都召开代表大会，会上选举了理事会，但因为时间关系，没有选举常务理事会和正、副理事长，所以就定了 1979 年 3 月在杭州举行理事会议，选举常务理事会和理事长、副理事长，结果还是华老担任理事长，苏老、江泽涵、吴大任、柯召、齐民友担任副理事长。齐民友教授当选的重要原因是他从 1958 年到“文革”期间一直受到批判，那时武汉大学搞得很“左”，上面湖北省委也很“左”，齐民友被批得很厉害，在《人民日报》上作为重点批判对象，得到大家的同情。

在杭州召开理事会议期间，苏老和我被浙大邀请去做演讲，苏老就在浙大演讲时公开表示了他对双微会议的一些看法，他觉得请外国人来讲，我们在下面听不太好，为什么不讲讲我们擅长的研究方向，虽然他的看法并不是一点道理没有，但我们不得不面对中国数学停顿了十年以上的现实问题，陈先生搞的双微会议还是能起到积极作用的。不过对于苏老而言，他有很强的民族自尊心，因为他长期在国内权威学者的位置上。

陈先生倡导的另一个重要活动是暑期学校。第一届是 1984 年在北京大学举行的，当时请了四位主讲人：伍鸿熙、肖荫堂、项武义和莫宗坚。以后每年由一所重点大学负责举办暑期学校，讲授的老师有国内外的学者，这就使研究生可以打下较好的数学基础。

还有一个是陈先生的项目，这个项目是从 1983 年开始，由一批美国的数学家到中国来找一些好的学生。因为中国的教育和科学研究在“文革”期间停顿了多年，从 1977—1978 年开始恢复高考，1982 年左右有了好的毕业生，但是他们对出国深造的渠道不怎么清楚，国外也不了解中国的情况，所以就由几位美国的数学家负责到北京来面试一些学生，帮助他们到美国的大学去申请读博士学位。这些学生有的能在美国找到资助，有的就由中国教育部给予资助。1983 年开始是由 Griffith 负责，后来丘先生提出不同的意见，他觉得这个事情应该由华人学者自己来管，所以 1984 年就由丘先生和 Griffith 共同负责。

以上就是改革开放之初，陈先生在中国倡导的三项主要活动，是由丘成桐、伍鸿熙、肖荫堂等当时的青年学者加以实现的。

丘先生第三次来访问是 1983 年 12 月，那年的夏天在华沙的国际数学家大会上他获得了菲尔兹奖，科学院数学所也拟聘他为名誉学术委员，而我们还报到上面去请国家领导人会见丘先生，主持科学方面的国务院副总理方毅会见是没有问题的，但上报请国家领导人会见时，刚开始领导考虑由国务院总理会见，但我们当时希望最好是由一把手会见，故提议由胡耀邦总书记会见，最后由胡耀邦总书记见了丘先生。会见十分认真，在会见之前先要由科学院向胡耀邦总书记报告一下外宾的基本情况以及可能会提出什么问题和建议，让领导人有思想准备。我记得会见那天是下午四点半，地点在人民大会堂，于是我们四点钟要先去给胡耀邦总书记汇报丘先生的基本情况和估计他要谈的内容，当天出席活动的有胡耀邦总书记，科学院院长卢嘉锡，以及一位负责外事工作的副秘书长，我们这边有吴文俊、陆启铿和我。会见结束后，本来是数学所宴请，后因卢嘉锡到场，改以卢院长的名义宴请，卢先生笑称他做了“不速之主”。

在丘先生没有去哈佛大学之前，许多大学都希望聘任他。到了 1987 年夏天，他决定去哈佛，就在这之前，他再来我们这儿访问，我那时已经当数学所所长了，所以前后的事情完全由我来负责。但中间发生了一个插曲，丘先生来访时住在北京饭店，科学院外事局的一位处长送行来晚了一点。我在丘先生访问时特地把以往华老用过的车借来（当时数学所和应用数学所属于不同的单位，华老因为搞“双法”，主要在应用数学所，他的车和司机编制也在应用数学所；那时数学所只有比较差的上海牌小轿车，为了提高规格，所以就把华老的红旗三排座的车借来），而华老的司机是位老司机，开车以安全为主，虽然时间已经比较紧了，但他还是开得很稳当，结果到了机场时只剩不到半小时，已经不能办理登机手续了。

丘先生当时很着急，他要搬家到哈佛，若弄得要他夫人一个人搬，她就要埋怨丘先生了。我也没什么好办法，只好临时找机场的人，机场的人说他们好办，但检查护照那里可能有问题，让我先去海关看看，我就告诉海关人员我的名字并拿我的证件给他们，他们还知道我，签证官拿着图章陪着我和丘先生到连接飞机通道的地方，先看看能否上飞机，结果还可以，就临时在那里为丘先生盖了海关的章，而丘先生的行李还在外面，但那时已经来不及，丘先生就先走，委托我保管行李，我并不知道行李里有什么东西，拿回去一直放在我办公室，等过了一年半后，我去美国时才帮他带过去，原来行李里有较贵重的东西，丘先生都忘记了。

1979 年时，肖荫堂也是第一次来我们这里访问，他做了一系列关于多复变的演讲，而且他跟陆启铿教授正好是同行，后来他们对国内多复变的发展起了作用。那时华老依然将精力放在推广“双法”上，所以数学所主要的事情由陆启铿张罗，陆先生担任的职务是副所长，但实际上相当于常务副所长，主持了后来 1981 年在杭州举行的多复变会议，这在陆先生的文章里有详细的记载。虽然那次是多复变的会议，因为那时会议比较少，难得有机会，大家都去了，除了华老和陆启铿外，吴文俊、龙瑞麟、张广厚和我都去参加了，我还在会上做了一个演讲，尽管不属于多复变的内容。会议期间我们一起去了钱塘江观潮，开会的地点在汪庄，是毛主席去杭州住的地方。

以上主要谈了尼克松访华至 20 世纪 80 年代初的十年间，我国数学对外交流的概况。从那以后，我国的国际学术交流日趋频繁，仅以复分析为例，80 年代便有 P. Duren，Gehring，P. Jones 等学者来做系列演讲。80 年代及以后，在西安、北京、天津、银川、上海、杭州、合肥等地都举行过国际复分析会议，每次会议有十余位或更多的外国学者参加。

一点思考

问：对王元院士的回忆文章，有何看法?

杨：“文革”期间国内所有地方的科研都停顿了十年，甚至很多都是超过十年的，一方面，动乱并不是 1966 年才大规模展开的，之前已经有“四清”运动、姚文元批判吴晗的文章等；另一方面，也不是刚粉碎“四人帮”就能马上恢复研究工作，很多地方都是等到十一届三中全会后才有较大的改变。我是“文革”结束后较早参与对外交流的，跟外国人接触时他们往往问起“文革”的情况，当时我们会尽量轻描淡写，比如 1979 年张广厚和我第一次到美国，因为待的时间比较久，所以必然遇到一些学者谈起中国“文革”的情况，那时思想没有像现在这么开放，我们尽量把那时的问题稍微淡化一点，但客观的事实还是要真实的。例如工农兵学员，“文革”前五年完全没有大学生，后五年收的工农兵学员虽然要求是初中毕业，但并不是当年毕业的，所以实际上那些学生的程度连初中都不如，工农兵学员仅学习三年，而且不能完全在课堂里学习，要"开门办学"，能学到"文革"前比较正式的高中毕业水平应该算不错了。

钟家庆是华老的研究生，原来编制在数学所，后来华老将他和其他研究生带到中科大，"文革"期间结婚，因为他的夫人是清华大学的，他那时也不能留恋数学研究，反正到处都一样，当时要去五七干校，他就调到清华去，"文革"结束才又调回数学所。他说实际上对工农兵学员要从初中课程教起，因为学员在初中毕业后要去生产实践一段时间，到做工农兵学员时都 20 岁左右，之前学的东西已忘掉了。"文革"十年对绝大多数的人而言都是影响巨大，像陈景润是非常例外的，他当然也受到过很多冲击，但因为他身体不好，除了被关进"专政队"以外，其他时间都可以要医生给他开全休的病假条，他就不用参加政治学习和劳动了，也不必去干校和解放军农场。

我们刚开始出国交流时，外国人听到这些情况后都感到十分担忧，非常怀疑我们能不能接得上去，因为照理来说，这样停顿了十几年后当然会出现很大的空缺，不仅那一代人毁了，而且还无法教下一代，应该需要很长时间才能赶得上来。到了 1983—1984 年后，情况才慢慢清楚，大家有了信心。

1978 年十一届三中全会提出以经济建设为中心，能不能接得上的问题被提出来，并且国家派了一些人出去，派的人基本上就是王元院士文章中提到的三种类型：第一种是按照国际通用的惯例来邀请，邀请方要知道你和你的研究工作，愿意支付全部的费用，因此被邀请人的水平必须要够，王元院士就是属于这一种，我和张广厚也忝列这个范围，主要是因为美国代表团认可；第二种是国家出钱送出去的访问学者，很多现在较有名的学者都是这一种；第三种是对方邀请，但费用由我国支付。第一种仅是个别的学者，原因是前面提到的"文革"的情况，比如北大和清华就是重灾区，他们完全没有条件搞业务。数学所有条件搞，也仅是 1971 年林彪垮台后名义上可以搞，但许多人认为这是在走资本主义道路，尤其是运动一来马上就得停下来，又开始批判了。大部分人就干脆去装收音机、打家具，那样风险较少，而且还有点实惠，因为当时根本买不到家具。正是"文革"的特殊原因，后来绝大部分出去的人都是第二、第三类，我想今后应该不会有这种情况发生了。

问：我想当时做得出色的人分两种，一种是在"文革"时已经崭露头角，所做的工作在国际上有了一定影响；另一种是反应比较快，刚改革开放就开始做研究，并利用国家开放的政策头一批出去，回来后走的路就比较顺利。我觉得大部分应该都是后者。

杨：现在有人讨论改革开放的必要性，尤其是我们今天讲的国际交流，王元院士从陈景润以及他自己搞的解析数论看（他的文章里也提到），他不太适应国外的生活，改革开放时已经将近 50 岁，他觉得在国际上进行学术交流不是一个重要方面。但我觉得王元的观点不太全面，因为对于解析数论以及我和张广厚搞的 Nevanlinna 理论，主要可以靠自己刻苦攻关、靠证明和运算技巧，其中并不牵涉太多新的概念、理论以及许多别的方面的知识。“文革”前中国也处于闭关锁国的状态，跟西方没有什么交流，只有西方的期刊可以参考，如果有条件，而不像“文革”那么动乱，中国还有可能搞得上去，陈景润就是一个例子。但是，如果是一些需要用到很多新的概念、理论和很多方面知识的领域，那就需要交流，相互讨论想法，个人就很难搞了。

问：实际上，也许可以说解析数论本来也是得益于国际交流，因为主要是华先生从国外带回来的，如果不是得益于国际交流，华先生也很难在这方面有很好的工作，以及后面带出这些好的学生。是吧?

杨：是的。相对来说，解析数论这个方向还是可以个人搞，例如最近的张益唐，除了看一些文献和资料了解最新的进展，他并不在活跃的学术中心，既不在哈佛也不在普林斯顿这一类的中心。而对于很多研究方向，光看资料还不太够，还需要面对面的交流，从别人那里学习一些新思想，比如从 20 世纪 60—70 年代发展起来的指标定理、算术代数几何等，我们那时差不多是完全空白；又比如 Andrew Wiles 证明 Fermat 大定理，如果他没有很广博的知识，没有在学术交流的中心，恐怕就很困难了。

譬如做 Poincaré 猜想，这里我要说点当时的史实了：晨兴数学中心是 1996 年成立的，1997 年就开始运作第一批项目，丘先生的几何分析当然要列进去（另外还有算术代数几何、偏微分方程等），当时丘先生很明确地告诉国内的一些年轻学者要钻研 R. Hamilton 的 Ricci 流。过了一段时间后，他就几次打电话跟我说这些学者并没有按照他的建议去搞 Ricci 流，还在做调和映射，让我去问问是什么情况。一开始我不太愿意去，因为我不是做这方面的，后来因为他提了好多次，于是我就去问。这些年轻学者说研究所的几何分析学术带头人告诉他们 Hamilton 的文章很难懂，教他们不要念，并认为即使念懂了也做不了什么，调和映射倒还可以做点东西。

这就是说，即使是国内几何分析做得不错的学者，其眼界还是跟丘先生没法比，国内的专家教授只看到调和映射还可以写几篇文章，而丘先生着眼的是要解决重大的问题，认为 Ricci 流这个方向可以用来做 Poincaré 猜想，气势与豪情完全不同。后来国内就只有广州的朱熹平在做，因为他不时去香港交流，并受到丘先生的熏陶，最终参与了解决 Poincaré 猜想的潮流，发挥了作用。当然其中 Perelman 的贡献是最重要的，因为是他最早给出较详细的证明提纲，克服了主要困难，但当时没有人承认他的提纲的正确性，结果由三个组分别验证了。朱熹平、曹怀东这一组做得是很不错的，他们很早完成了长篇证明，不仅验证了 Poincaré 猜想，而且还验证了几何化猜想。同时，他们总体上是按照 Perelman 的框架做，但在一些地方有自己的处理方式。

因此，不同的学科情况还是不一样，有些是国际学术交流起的作用很大，而且这种交流最好是在活跃的研究基地，经常地围绕中心课题不断讨论，不同的学者的侧重点不太一样，相互交流能学到不同方面的知识，一些重大问题的解决正是需要用到广博的知识。

总之，那个时候的开放和派遣留学生还是起到很好的作用，把我们原来担心的“到底能否接得上”的问题解决了。这批出去的人在某一方面恢复了他们专业领域的知识，而且还比原来有所提高，在自己的领域学到一些新知识并开展相应的研究工作，有些工作还不错。另一方面，也有不足的地方，因为这些最早出去的访问学者不可能在外面重新接受本科和研究生的教育，从而把基础打得很宽，然后去做新的研究，实际上绝大多数学者都是延续原来的工作方向——可能是一个三级学科或研究领域，并没有学一些很新的东西与广博的知识，尤其是跟自己领域有较大距离的内容。不过，他们出去的时间比较短，只有两年，这些人原来在学校和院系里都是骨干，他们当然会想要有点东西交账，要是学很新的东西，风险就比较大了。此外，当时他们年龄都不小了，有的四十多岁，再大一点的就是五十岁，四五十岁的人当然很自然会沿着老的方向走，而且访问的时间本来就不长，刚到国外还有一个在生活和语言上适应的过程，这是当时比较现实的情况。

问：我觉得现在的交流还有这种问题，不管是出去还是请人过来。一个很好的方向或问题，最后真正能跟上的往往都是学生，而大部分的老师还是会延续他习惯的东西，很难脱胎换骨地改变。比如做几何的，丘先生说应该做 Ricci 流，但马上下决心做的人是很少的，因为一般人不会看那么远，可能考虑的是为了把“杰青”评上，先发两三篇像样的文章，所以他不敢做真正有价值的而却较长远的东西。

杨：这个跟我们大学里评职称的制度有关，美国的大学要好一点，他们不会太过分地考察一些指标，因此往往他们做新的东西比我们好。

问：我觉得改革开放以后之所以没有像王元所希望的那样的工作，是由于我们开放的同时功利心也出现了，不像您们原来做研究那样，尽管交流不多，但却能很安静地、踏踏实实地做。现在能静下心来做的人挺少的，而且越是突出的人，他的环境越复杂，面临的竞争越多，他必须对付很多场面上的事情，于是他就没有心情做大学问了。王元先生的看法也是有道理的，尽管开放带来的好处更多，不过急功近利问题还是挺严重的。

杨：另外，刚改革开放时的学术交流和现在的很不一样。我之前已说过，当时虽然国门已经打开，但交流活动是很少的。比如，1981 年在杭州举行多复变会议，吴文俊先生、龙瑞麟等都来参加了，尽管他们不是做多复变的，因为当时的会议很少。而现在同一个学科的会议就有很多，林芳华教授曾告诉我，他有时一年会接到国内七八个会议的邀请，根本没法都去参加。而且不少会议重复，各个单位之间也很难协调。

问：现在办会议有点像市场行为，只要有钱就能开。若别人不愿意来，名人就请不到，结果就没有影响力。另外，有些会议并不是搞数学的人想开的，比如一个小学校，他们想扩大影响或申请学科点，领导就要求他们数学系必须搞一个大的会，这种情况也蛮多的。

杨：1985 年，中国数学会成立五十周年，我们在上海举行庆祝活动和会议，五十周年是个大庆，所以我们请了国际上比较有名的数学家来。虽然已经到了 1985 年，但当时要开个会还是很不容易，因为在 90 年代之前，国内能住几百人而且又有好会场的大宾馆并不多，国内代表还要可以承受其费用。我当时是中国数学会的秘书长，很清楚这些困难。

那次祝贺中国数学会成立五十周年的会议，Henri Cartan 代表法国数学会来参加了，吴文俊先生（当时的数学会理事长）和我就想趁此机会争取在中法之间达成一些协议，以后可以进行实质性的交流，比如两国互派访问学者或合办学术活动之类。既然要会谈，当然要找个比较正式的地方，会议住地是复旦大学附近一个属于空军的宾馆，叫蓝天宾馆，每一房间里只有两张床和两把椅子，总不可能让 Cartan 坐在床上和我们进行中法会谈。而租一个小的会议室要 50 块钱，当时来看是不便宜的。

后来我想了个简单的办法：那里有个喝咖啡的地方，里面其实没什么人，收费是每人一块钱，我和吴先生这边另外有一两个中方的工作人员，Cartan 那边加上两三个法方的人，这样最多也就七八个人，我们一个人喝一杯咖啡才七八块钱，而且这也很符合国外的情况。那时我们中国数学会没带会计去上海，用的是复旦的会计，结果复旦的工作人员对这样的报销似乎不满，他们不知道我们是在为中法数学交流开会，以为我们纯粹是去喝咖啡，底下议论这个报销到底是什么范围。其实本来我们自己掏钱也没关系，但我事前根本没有考虑到这些情形，还觉得我们是省了钱。后来苏老和谷先生都知道了，他们就叫复旦负责会议后勤的人到我这里来，让我比较严厉地批评他，我就说：不要说我们这个决定是对国家最有利的，就算中国数学会理事长和秘书长的决定不当，也就是七八块钱，不应为这点小事计较。这可以作为当年国际交流中的一点花絮。

对 20 世纪 70 年代初至 80 年代初的国际学术交流，由于国门初开，我的印象深刻。80 年代中期以后我国对外交流逐渐常态化，我们数学所对出国访问一般没有限制，但由于当时经费很紧，研究所不提供经费支持。如对方可以提供国际路费和当地费用，则没有问题。我作为所长，决不使用科学院和研究所的任何费用，也决不使用科学院与国外学术机构签订的协议名额。当时，我每年出访一两次，曾赴美国、欧洲各国、日本约十多个国家，访问了五六十所知名大学及做学术演讲，或参加学术会议并做大会演讲或邀请演讲。新世纪以来，国家对科研与教育增加了支持，数学所已将对方是否为该分支领域国际领先的地方作为出访的首要条件。现在的中青年学者对国际学术交流也已习以为常，详细情况就无须赘述了。

编者按：本文由《数学与人文》编辑组于 2015 年 5 月 15 日在中国科学院数学与系统科学研究院南楼进行的访谈整理而成。

回忆我的初期数学国际交流

王 元

这一回忆仅限于个人经历的一些事与想法。

一

1978 年 12 月中共十一届三中全会召开，会议决定把全党工作重点转移到现代化建设上来，特别是会议确定了改革与开放政策。

其实，早在 1971 年 4 月开始的“乒乓外交”，虽只是使中断了 20 多年的中美关系有了一丝接触，但从此以后，闭关自守的中国大门就愈开愈大了。

第一个访问北京的外国数学家是美国数学家 C. Davis，他在王府井“中国对外友好协会”的小礼堂做了一个泛函分析报告，报告会是由华罗庚主持的。

Davis 访问的意义主要不在于数学本身，而在于“文革”的当时，听演讲者包括了在“清队”中被“揪”出来的所谓“现行反革命小集团”的成员。这就是等于事实上“解放”了他们，特别地，这无疑等于把在“文革”中甚至“文革”前被“左”倾路线批判过的东西都恢复名誉了。我有幸参加了 Davis 的报告会。

接着，对中国数学发展曾做过重要贡献的陈省身访问了北京，他广泛地访问了他过去的朋友与同事，并做了几次报告，其中的一次公众报告是在清华大学做的，题目是“数学的内容与意义”，报告会由华罗庚主持，约一千多人听讲。会上，华罗庚与陈省身互致了仰慕之情。中国数学家与陈省身举行了几次座谈会，会上陈省身公开介绍国际上纯粹数学的近年来的重大成就。这是在“反右”以后，从未有过的公开活动。陈省身、项武义、伍鸿熙与 B. Eckmann 共同送给中科院数学所一套施普林格（Springer）出版社出版的《数学讲义》（*Lecture Notes in Mathematics*）。

我参加了陈省身在北京的活动，但我并没有跟他打招呼，其实我父亲王懋勤于 1942 年任中央研究院秘书主任时就认识了陈省身。早在 20 世纪 60 年代初，他就知道我在哥德巴赫猜想方面的工作，由父亲的日记得知，父亲在 60 年代的“中研院”院士会上跟陈省身谈到过我。他曾夸奖说：“他是一个有为的青年。”我不去见陈省身的原因是在“文革”中，我还戴上“反革命小集团”成员的帽子。我们一直到 1980 年在加州，陈省身与项武义联合宴请中国代表团时才第一次会面，他很不高兴地说：“想不到在这里见到你了。”我说：“您要见我很容易，随叫随到。”他立即明白了，必须他主动。

“文革”中最大的事件是 1976 年 5 月 3 日至 27 日，以数学家 S. Mac Lane 为团长的美国纯粹数学与应用数学代表团访问了中国。代表团由九位数学家与一位管理人员及一位东方语言学家组成，数学家中有一位华裔数学家伍鸿熙。代表团到中科院数学所、北京大学、清华大学、复旦大学、华东师范大学等进行了很广泛与深入的了解。中国方面向代表团做了 60 多次学术报告，代表团成员向中国数学家做了 20 次报告。

代表团返美后，写了一份长达 115 页的“报告”。其摘要发表于《美国数学会通讯》上，“报告”指出：由于“反复强调‘数学理论必须联系实际及首先应该为新中国的社会主义建设服务’，这种主张导致了只做非常实际的研究，而不做关于基本现象的较理论的研究。华罗庚关于麦场设计的数学方法的文章就是这种潮流的表现”。这种批评是对的。

关于中国数学的现状，“报告”指出：“很少几个数学家在从事分析研究，有些创造性工作是真正优秀的，当考虑到这些工作是在孤立状态下做出的时候就更令人感动了。特别，解析数论与亚纯函数的工作是优秀的。”“数学所在解析数论方面的优秀工作是华罗庚的一群学生做的。近年得到的突出结果是陈景润关于哥德巴赫猜想的最佳纪录。”“虽然没有发现有人在代数数论方面工作，但是华罗庚与王元合作的一些工作，将分圆域与解析数论的一些深刻结果用于近似分析的一个问题。”“中国数学家在复分析方面最有价值的贡献在 Nevanlinna 理论方面，这些工作是数学所的杨乐与张广厚做的。”

华罗庚本人并未向代表团做报告，而是由王元报告了一下他们合作的“数论在近似分析中的应用”(或“高维数值积分的数论方法”)。华罗庚邀请了代表团中的应用数学专家到哈尔滨及大庆参观，参观他关于统筹法与优选法的一系列应用，这使代表团深受感动。H. Pollark 当即表示邀请华罗庚为美国博克豪斯 (Birkhäuser) 出版社撰写一本专著来论述他在中国普及数学方法的经验。以后，Pollark 还来信提及过这件事。华罗庚由于健康问题，很难写书，他只与汤家豪合写了一篇文章。将这篇文章细节补出并加以发挥，是由王元完成的。该书于 1989 年由华罗庚与王元署名在博克豪斯出版社出版，可惜华罗庚已过世，未见到该书的出版。

二

由于美国数学家访华代表团的报告的发表，世界对中国数学的现状有所了解，所以十一届三中全会后，国外立刻邀请中国解析数论专家去美国与西欧访问就不足为奇了。其实早在“文革”前，华罗庚在数论方面的几个学生的文章已经在国外一流数论学家的论文与专著中被颇多引用，他们对中国这些学者的工作是熟悉的，但未谋面。

最早是华罗庚于 1979 年 3 月底应英国伯明翰大学 D. Livingston 的邀请去该校访问八个月，在此期间他还应邀到荷兰、法国与西德访问了一个多月。临行时，华罗庚对我说：“你的翅膀已经长硬了，可以自己飞了，你不用跟我一起出国了。”早在 1954 年，当他得知我第一次对哥德巴赫猜想做出改进时就对我说：“你已足够得博士学位了，可惜我们这里没有这个制度。”华罗庚去英国是由陈德泉、潘承烈（应用数学）、那吉生（纯粹数学）与他的儿媳妇柯小英医生陪同的。我未亲身经历他的访问，只引一段他的自述：

“这是我从美国返回祖国后第一次到西方讲学，没有料到，这次出访竟使西方学术界某些人士感到震惊。他们敏感地认为：华罗庚能到西方讲学，这一行动本身就说明新中国的政策有了变化。”（见《金坛文史资料》，1991）

我们再引一段英国数学家 H. Halberstam 在《华罗庚论文选集》序言里的一段话：

“1979 年华罗庚在欧洲突然出现，对我们许多人来说，是一个罗曼蒂克事件，它使神话变成了现实。长期以来（似乎是命运注定的）华罗庚在我们的数学编年史上，仅是一个令人崇敬的名字。但他本人意外地、端庄地出现在我们面前时：庄重而活泼，富于生气与智慧，安宁而又不停地探询新的成就。这时，我们才意识到他在国际舞台上消失了三十年将使人们蒙受多大的损失啊！从他的著作中选出的这本《选集》是无须我们再说它包含什么来论证其价值的。我希望它将可以代替我们诚恳的话：‘欢迎你回来！’我能为《选集》的出版略尽微薄之力，深感荣幸。从他堂堂的全部著作中仅选一部分自然失当。从长远看（我引用华罗庚一句诗的大意），我是以木雕来报答他赠予的翠玉。”

三

在十一届三中全会结束不到半年，华罗庚去英国才一个多月，我就收到了法国高等研究院（IHES）与波恩数学研究所的访问邀请共三个月，还有在英国达勒姆召开的“国际解析数论会议”的邀请。

准备工作很仓促，我就听了几遍“灵格风”的英语口语录音带，当时连一套像样子的衣服都没有，中科院外事局有一个库房，里面挂满了几百套西装，我被允许进去挑，合身的借走两套，再借一只小箱子，还发了一点制装费，用来买衬衫及日用品。

我于 1979 年 4 月底即只身乘飞机去巴黎了，这对我来说是一个“探险之旅”。途中在伊斯坦布尔停了一下，我们下飞机在机场休息，见到柜窗里放满了金银首饰，大厅灯火辉煌，真富有。

到巴黎了，使馆来人接我们到使馆招待所休息，沿途看到巴黎整洁的农田与树木，进入市区，更是繁华与清洁。

第二天，使馆就将我送去 IHES 报到了，研究所给了我一个单元住房，周围很多树，很安静，研究所发给我充足的生活补贴。中午可以在食堂用餐，每餐 18 法郎，有沙拉、主菜、水果、咖啡等。全所共不到二十人用餐，餐桌上放满了纸与铅笔，大家边吃饭边讨论数学。我搞的解析数论没有同行或相近的同行，所以很感孤独，晚上则自己做一顿饭吃，买东西太方便了，出了家门就是各种商店。

这时候，有熟人来访，真如上天的赐予，与我同在 IHES 的有中科院理论物理所的吴咏时，他比我年轻多了，似更能适应。最让我高兴的是每个星期天，我可以进城去找中国出来的三个进修数学家李大潜、龙瑞麟、史树中，李大潜的法语流利，很能适应。和他们在一起，如同回家了。

当时有一位跟我年龄相当的数学家施维枢到 IHES 来找过我，他陪我去过卢浮宫及一些名胜，还去参观他自己建造了一半的家。中国台湾的数学家李学数来看了我一次，还送来一袋水果，他那时正在巴黎。

IHES 的所长 Kuiper 曾找我交谈过，并邀我到他家用晚餐，我们不是同行，无法交流。数论学家 M. Waldschmidt 到我办公室来找过我，邀我去他家用晚餐，并邀我到 Poincaré 研究所做了一个哥德巴赫猜想的报告。以后我就去 Poincaré 研究所参加了几次他们的讨论班，在那里见到苏联数学家 Chudnovsky，他亦在 IHES 访问。他们都是超越数论专家，跟我是小同行，还是可以交流的。在 IHES 访问的还有巴黎南大学的 J. Coates，他领我到他们学校去参观，这些年，他常来中国。

我把在国内写好了的一篇文章（与于坤瑞合作）A note on some metrical theorems in diophantine approximations 交给 IHES，在他们所的出版物上发表了。

在 Poincaré 研究所的讨论班上，我认识了美国宾州州立大学 Brownawell 教授，他表示愿意邀我去美国访问。Waldschmidt 还介绍我去波尔多大学访问，那里是法国经典解析数论的研究中心，我去了那里几天，并再一次做了哥德巴赫猜想的报告。

将近两个月的巴黎生活很快结束了，我乘火车去了西德的波恩。在那里，我被安排住在波恩数学所附近的一家小的“家庭旅馆”里，中午可以在研究所的食堂吃饭，晚上在街上随便吃点东西也很简单方便。我在那里时，研究所正在举办一年一度的“工作报告会”（Arbeitstagung），正好龚昇从国内来参加，他们欢迎中国学者做一个报告，我就又一次讲了哥德巴赫猜想。在波恩又碰到了 IHES 的 Kuiper 所长，他表示我还可以再去 IHES 访问，由于不习惯国外的环境，所以我未表态。波恩数学所的所长 Hirzebruch 邀我去他的新居访问并用晚餐。在所里我认识了 Zagier，他知道我是搞经典解析数论的，专门为我一个人做了一次长达三小时的报告，讲模函数的基本知识，以后，又应我要求，向我做了三小时的模函数应用的报告。在波恩，我参加了研究所组织的游览莱茵河的郊游。

在“工作报告会”期间，我碰到了项武忠，他请我与龚昇吃了一顿饭。

在波恩期间，我应 Richert 之邀去乌尔姆（Ulm）访问了几天。他与 Halberstam 合著的《筛法》一书我已读过，其中最后一章就是“陈氏定理”，我的名字在他们的书中出现了二十几次，他是搞经典解析数论的，我们一起度过了愉快的几天，我在那里还认识了 Wirsing，他也是搞解析数论的，他关于奇完全数的结果，我已早有所闻。

到了 7 月 20 日，我就乘飞机去了英国伦敦，然后乘汽车去达勒姆，参加在那里召开的国际解析数论会议（7 月 22 日至 8 月 1 日）。那个年代，国际数学会议似很少。这次会议，有一百多位数学家到会，上午为大会主要报告，下午分组宣读论文，达勒姆是个风景秀美的地方，我们每个人被分配住在学校的一间宿舍里。著名数学家与青年学生参会者都住一样的房子，在食堂里吃一样的饭，非常平等。

华罗庚应邀从伯明翰赶来了，由柯小英陪他来，潘承洞与楼世拓由山东大学赶来，我们在英国相聚，别说多高兴了，尤其是潘承洞，多次说：“在英国碰到你，真太棒了。”看来他比我更不适应国外的生活，每天晚饭后，我与潘承洞必定去华罗庚房里，跟他促膝谈心，这既难得又令人难忘。

大会对中国数学家非常礼遇，陈景润、潘承洞与我都被安排做全会报告，可惜陈景润因故未到会。潘承洞做了“新中值公式及其应用”的报告，讲述了中国数学家对哥德巴赫猜想的贡献特别是关于“陈氏定理”的简化证明，我则代表华罗庚共同做了“数论在近似分析中的应用”报告，过去西方不知道我们这方面的工作，所以颇感意外。

我们的两个报告均受到好评，据华罗庚回忆：“王元与潘承洞在会上做了报告，不少人用‘突出的成就’、‘很高的水平’等评语，赞扬中国数学家在研究解析数论方面所做的努力，一些白发苍苍的数学家向华罗庚教授祝贺，祝贺中国老一辈的数学家培养了这样出色的人才。”（见《光明日报》1979 年 12

月 30 日）

在会议期间，除每天晚饭后与华罗庚及潘承洞在一起外，其他时间，我则尽量硬着头皮去跟外国人交往。会上有老前辈华罗庚，Selberg，Erdös，跟我年纪相差不多的有会议组织者 Halberstam 与 Hooley，Bombieri，Schmidt，Montgomery，Iwaniec 等，还有一些更年轻的学者，博士后与博士生，如 Hejhal，Heath-Brown，Goldfeld。还有其他方面的学者，如 Thom 与 Serre 以及华裔女数论学家李文卿与沈曼玉。

我记得跟我谈得最多的是 Hejhal，我们常常不听报告，而去图书馆闲聊；我跟 Goldfeld 也谈得较多，我问他在搞什么，他说："Siegel 例外零点。"我虽未作声，但心里是打鼓的，未想到若干年后，他真的在这方面做出了突破，证明了著名的 Gauss 关于虚二次域类数的猜想，并得到柯尔（Cole）奖。真没想到当时的一些年轻人以后成了世界级的解析数论领袖并获得大奖，如 Iwaniec 亦得到柯尔奖。对我学术起到帮助与促进的是我听了 Schmidt（亦得到柯尔奖）关于丢番图方程与不等式的报告，其中用到 Hardy-Littlewood 圆法与 Weyl 指数和方法，这和我过去的工作十分相近。我在吃饭时，还跟 Serre 交谈了一下，他说："如果你要在施普林格出书，可以先写一个计划给他们。"后来，我听说，他是华罗庚与我的书《数论在近似分析中的应用》的审稿人之一，以后这书很顺利地出版了。

会议结束了，华罗庚继续在欧洲访问，潘承洞回国，我则飞回波恩，在法兰克福机场转机回国，中途在乌鲁木齐机场停留了几小时，机场狭小，没有饭及饮料卖，但总算到家了！

我将在欧洲挣来本应上缴的钱为所里买了一台投影仪、一台打字机、一台录音机，花了一千多美元。多年来所里将前面两件东西作为外事交流用，录音机发还给我了。

我这个最早单独出国访问的人回国自然引起各方面极为高度的关注，我在京内外做了多场出国访问的报告。

四

一年以后，作为对 1976 年美国数学家代表团访华的回访，中国组成中国数学家代表团访美，华罗庚任代表团团长，共九名数学家参加，外加中科院外事局的一位负责人苏凤林，随团还有一位汉语十分流利的美国人，时间为 1980 年 9 月 25 日至 10 月 20 日。这才一年，就有很大变化，我们得到一笔制装费，我用这笔钱定做了两套西装，买了一个皮箱及其他生活用品，在国外挣的钱亦不用上缴，可以留作改善生活。

华罗庚等一行早于 1980 年 8 月 8 日即离北京启程赴美，他共收到 58 所大学、研究所与三家公司的访问演讲邀请，由于健康关系，有 22 所大学未能去，他们于 1981 年 2 月 11 日离开旧金山，途经香港访问一周后回京。

中国数学家代表团到达美国后，华罗庚即与柯小英一起随团活动，代表团成员都是他的同事与朋友，但作为他的学生与长期共同工作者，只有我一个人，所以我们有更多交往。

中国代表团到达旧金山时，华裔数学家林节玄来机场接代表团，陪代表团到旅馆安顿，陈省身随即到旅馆来看望代表团，并与项武义一起宴请了代表团成员。陈省身对我有段有意思的对话，在我离美时，我曾去他家拜访并长谈，当时陈省身还有个想法，在代表团经旧金山归国时，他来宴请代表团与在美国的华裔数学家共同庆祝华罗庚与他的七十大寿。由于华罗庚的访问日程，他未随代表团回旧金山即离团作他的个人访问之旅，从而使这一祝寿计划未实现。

代表团的日程很紧，在旧金山时访问了加州大学伯克利分校与斯坦福大学，紧接着飞往纽约访问了柯朗研究所、纽约州立大学、哥伦比亚大学、普林斯顿大学与普林斯顿高等研究院，在华盛顿附近访问了马里兰大学，然后是麻省理工学院、哈佛大学、耶鲁大学，还有芝加哥大学、明尼苏达大学、西北大学与威斯康星大学、贝尔公司理论研究室等，每个单位就停一两天，各人找自己的同行交谈。

我也许是交谈较多的一个人，略为回顾一下。在斯坦福大学，我碰到了钟开莱与肖荫堂。钟开莱曾是西南联大时期华罗庚的学生与同事，他对我在解析数论与高维数值积分方面的工作很熟悉。我又跟菲尔兹奖获得者 P. Cohen 谈了一下，他要我向他介绍一下工作，我就将在 Riemann 猜想下，$(1+3)$ 的证明说了一下，并告诉他我于 1962 年即有文章指出，Riemann 猜想可以由一个中值公式代替，这一公式于 1965 年由 Bombieri 与 A. Vinogradov 独立证明了，他听完笑笑说：“$(1+3)$ 你有一半功劳呀！”

在柯朗研究所，我们听该所数论学家 Shapiro 做了一个报告，报告开始，他就称他是华罗庚的学生，我们都感到很高兴。

在纽约州立大学，我们见到杨振宁留给华罗庚的一封信，表示对他的热烈欢迎，但遗憾他在别处访问不能参与接待。我们参加了一次数学系报告会，华罗庚指了一个人给我说：“他是苏联数学家 Gromov，别人演讲时，他常说‘这是显然的！’，真高傲。”

在普林斯顿大学，我们见到了项武忠。在普林斯顿高等研究院，由 Selberg 出面给代表团做了一个报告，讲述了高等研究院成立早年的情景。

特别令人高兴的是在午餐时碰到了丘成桐与廖明哲，他们与代表团共进午餐，分外亲切。丘成桐这个名字，我最早得知于陈省身在数学所的一次报告，他在黑板上写了“丘成桐”三个字，并说：“这是一个年轻人，他现在的工作比我现在的工作重要得多了。”从此我就记住这个名字了。廖明哲是香港大学来访问的，他是搞解析数论的。我还去 Bombieri 的办公室聊了一会儿，我们是同行，临别时，他还问我：“是否愿意再来访问一下？”我说：“这次计划已定，以后再来吧。”

在哈佛大学时，我跟 Mazur 谈了一下，他同样说，你介绍一下工作吧，我就将最近做的关于丢番图逼近的一篇关于“转换定理”的文章说了一下，他很高兴。这点小事，他大概不会有印象，但我却由此得知，跟外国数学家接触，一定要讲数学，特别是现在的工作。

在波士顿时，林家翘请代表团吃了一顿中国早餐，代表团还应邀去丁肇中家里作客并参加晚宴。

代表团在芝加哥时，曾去参观著名的“芝加哥科学博物馆”，华罗庚没去，他大概已经知道在“数学馆”里用不锈钢镶嵌在墙上的在世伟大数学家的名字中有他的名字，所以他不想去露面。代表团员在“数学馆”墙上的 88 个名字中找到了三个华人：华罗庚、陈省身与丘成桐。代表团在耶鲁大学时，Tits 正在演讲，题目就是“华氏定理”。在芝加哥大学时，Koranyi 做了“华氏算子”的演讲。这些属于矩阵几何与多复变函数论的领域，我们每到一处都见到华罗庚受到特殊的尊敬与礼遇，代表团员们为华罗庚这位优秀的炎黄子孙而深感自豪。

代表团最后回到旧金山，美国为代表团安排了两天旅游。

我送代表团离开美国后，又继续留在美国访问。在欧洲访问时，不少数学家希望我去一趟美国，我就选了三个学校：宾州州立大学（应 Brownawell 之邀），明尼苏达大学（应 Hejhal 之邀）及科罗拉多大学（应 Schmidt 之邀），各去了约两周。

在宾州州立大学时，我介绍了最近关于丢番图分析的工作，也了解了他们的工作，又一次见到李文卿，我还去听了几节大学的课，他们送了我一些美国大学的教科书。

在明尼苏达大学时，有一次跟 Hejhal 一起去参加一个小晚会，我问一个数学家：“下次谁会获菲尔兹奖呀？”他淡淡地说：“很多伟大的数学家都没有得过菲尔兹奖，像 Weyl，von Neumann，Kolmogorov。”我立刻意识我提的这个问题的幼稚可笑，一个数学家应该知道奖励并不是评价学术的好标准，其实在芝加哥“数学馆”的墙上就有不少菲尔兹奖获奖者的名字不在其中。

后来，Hejhal 应邀去马里兰大学系统讲授 Selberg 的迹公式，我去马里兰大学听讲了。

在科罗拉多大学时，大概为了照顾我少花点钱，Schmidt 安排我在他家里住，免费吃饭，我可以在他家自由看书及资料，并拿走有兴趣的单印本与预印本，这为我今后的五年在丢番图分析方面的工作打下了基础及拟订了计划，使得我在这方面写了系列论文，并写成专著 *Diophantine Equations and Inequalities in Algebraic Number Fields*, Springer, 1991。

我还引导了一批学生走上了研究丢番图分析之路，Schmidt 还专程跟我一起去玩了风景名胜落基山。

我在美国的剩余的一个多月，则是在定居于美国的弟弟与妹妹的家度过的，我还跟住在台湾的父母通了一次电话。

32 年未跟家人联系，更未尽到赡养父母之责，我将在美国挣的钱中余下的约 2000 美元都送给了父母，他们坚决不收，全退给我，这就使我可以用这笔钱为我贫困之家买些日用品。

结束了对美国的访问，我乘飞机去了香港，在香港的几天中，主要是看望在香港的亲友，未跟数学家联系，然后由香港至广州，由中科院广州分院负责接待，又回到家了。

五

几个月后，我收到了香港中文大学岑嘉评的邀请，他当时是东南亚数学会的负责人之一，1981 年将在菲律宾召开东南亚数学会会议，他邀请我在大会上做一个全会报告，同时也访问一下香港。

6 月，我就只身到了香港，住在中大崇基学院中，崇基学院是一个小院子，进去就是一个餐厅，半地下室里有两间住房，窗子与地平面等齐，我住了一间，晚上整个建筑里就我一个人，周围风景很好。

我在香港比欧洲与美国更容易适应，由于文化背景不同，香港土生土长的人跟内地的人当然仍有差距，我不懂广东话，跟大部分人仍难以深入交流，但数学系有不少“华侨学生”，他们在新中国成立初期回国念大学，又返回香港，然后去英国、美国或加拿大念了博士学位，回到香港教书。这些人在内地生活过，跟我们很容易交流，例如黄友川（泛函分析）、吴恭孚（泛函分析）、廖明哲（他是跟 Littlewood 学 Fourier 分析的，后转入经典解析数论）、李文赞（分析），黄炎明（泛函分析）等，岑嘉评虽然没有在内地生活过，但他没什么城府，是特别易于接触的人，他对我的帮助最多，我听到很多同事与朋友讲，他们在香港时，都得到岑嘉评的照顾。

在香港将近一个月，我跟这些朋友交往，过得很愉快，他们除了邀我在中文大学、香港大学、浸会学院、香港理工大学做学术报告外，还几乎每天领着我在香港旅游，并请我吃了一些美味海鲜。

离开香港，我就去了菲律宾的马尼拉，住在美丽的阿坦奈尔大学中，除东南亚本地的数学家外，也有来自发达国家的数学家，但不是名家，我从未听过他们的名字。

我在大会上做了“数论在近似分析中的应用”的报告，全面介绍了华罗庚与我合作的工作，受到好评。

有些事，我的印象颇深，我让菲律宾同行陪我参观一下数学系图书馆，图书杂志太少了，大体上相当于我们新中国成立初期浙江大学数学系图书馆的水平，只有几种数学杂志，他们居然订了美国《工业与应用数学评论》(*SIAM Rev.*)，我将杂志翻到 Haber 的综合性论文“Numerical evaluation of multiple integrals, SIAM Rev. 12 (1970), 481–526”，将上面引述华罗庚与我的工作处点给他们看了一下，他们惊奇地“啊”了一声。

我还送给菲律宾的、也是东南亚数学会的领导人之一 Nebres 一本在西方出版的书，我记得他曾拿到大会上摇了一下说：“这是王元送我的！”

离开菲律宾我就应新加坡大学李秉彝之邀去新加坡待了两周，李秉彝也是东南亚数学会的领导人之一。

离开新加坡我就去泰国曼谷朱拉隆功大学访问，并继续做哥德巴赫猜想与数值积分的报告。

东南亚之行，我给他们留下了较好印象，他们还都欢迎我能再去做较长时间访问，我于 1984 年又去了一趟马尼拉，待了一个学期，在阿坦奈尔大学与菲律宾大学分别开了“数的几何”与“初等数论”课，此外菲律宾年轻人 Lagare 曾在美国得了硕士，想攻读博士，他搞的是古典分析方面，我看了一下他的方向上的主要文献，主动说：“我可以跟你讨论。”我走后，他完成了工作并当上了教授，直到现在，每年圣诞节，我们都互赠贺卡。我告诉他们：“我岁数大了，以后就不能多出来了，中国好数学家很多，你们可以请其他人。”特别是菲律宾搞分析的人较多，我觉得杨乐去一下最好，以后杨乐也去讲过课。

Nebres 是菲律宾数学界的领袖，他曾在美国斯坦福大学学习“数理逻辑”，得到博士学位，回菲律宾后，受到重用，当了阿坦奈尔大学校长与总统科学顾问，高官厚禄，加上菲律宾学术的孤立，他个人的研究工作，并未继续发展，不过他的聪明与见识还是与众不同的。他曾来北京大学参加“校长论坛”集会，会议期间专门抽出半天来访问杨乐与我，我们让食堂做了几个菜，跟他在数学所食堂愉快地共进了午餐。

六

以上就是 1979—1981 年，中国改革开放初期，我去欧洲、美国与东南亚访问的大致经过。

从 1982 年开始，我每年都出境访问，除去过的有些地方，做旧地重游外，还去了加拿大、日本、俄罗斯及我国台湾、澳门地区等，1993 年以后我就不再去西方了，2000 年以后，港台地区也基本上不去了。2007 年，我做了心脏二尖瓣修复及搭桥大手术，就不离开北京了。

除上述参加以华罗庚为首的访美“中国数学家代表团”及苏步青为首的访日“中国数学家代表团”、以卢嘉锡为首的访美“中国科协代表团”与中国数学奥林匹克的三次率队出国或去港澳和中国数学会的两次率队去香港开会外，我都是个人出国，包括旅费的一切费用，都由邀请方付。因公出差，我都做了学术报告或其他工作，每次出国我都是按原定计划，按时回国，一天都没有多停留过，这当然是一个人的信誉问题；另一方面，我不习惯于住在外国，从第一次出国，我就认识到了这一点。

我是一个资质很普通的数学家，能在政治运动不断、知识分子饱受迫害的年代里，安心做出一些研究工作，从而能以一个数学家的身份出国交流，实在是一个奇迹，比我聪明的中国数学家有的是，由于种种原因，他们并没有得到像我一样做研究的机会，所以我的情况是比较孤立的。

很多人在“文革”前，大学刚毕业，研究工作还没有开始就遇上了“文革”，折腾了十年，十一届三中全会后，国家把相当一部分人送到美国与欧洲去进修，他们非常勤奋与努力，等于重新学习了数学，出国后眼界开阔了，回国后，起到了很大的作用。我在欧美碰到了很多这样的同事与朋友，当时国家很穷，给他们提供的经费很少，他们还要挤钱为家庭买点“指标”规定的东西，他们过着清贫的日子，工作极为勤奋，使我非常感动。这又是一个类型。

更年轻的一代，即大学毕业不久的年轻人，出国读学位，然后回国或留在国外发展，他们就相当于早一代的港台数学家那样，现在是大量的。这又是一个类型了。

我想前两种类型的人，是特定历史条件下的现象，以后应该更多的是第三类人出去交流，就像几十年前的港台一样。

七

最后，我想对国际交流的事谈几点感想，首先的问题是这样做有无必要？到底值不值？如何估计交流的价值，等等。

就以中国解析数论学派来说，过去的工作能否在历史上留下痕迹？就拿哥德巴赫猜想来说，在陈景润证明了（1+2）之后，以前的纪录（2+3）、（1+4）还提不提。根据文献看，照提不误，例如：柯尔奖获得者 Pintz 的文章 “Landau's problems on primes, Journal de Théorie des Nombres de Bordeaux 21(2) (2009), 357−404.”

（1 + 2）对过去的工作只是量的改进，但总有一天，哥德巴赫猜想是要解决的！解决了又如何？Fermat 大定理证明后，过去的成就照提不误，甚至还有过专著，专门谈 Faltings 与 Wiles 以前关于 Fermat 大定理的贡献。这给了我最大的鼓舞，即我们对哥德巴赫猜想的工作还不会被遗忘。

另外，我注意到华罗庚与我一起搞的高维数值积分工作及最小原根的估计在文章发表约半个世纪之后，仍未被遗忘，见：

“Н. М. Коробов, Теоретико-числовые методы в приближенном анализе. Издательство: МЦНМО, Москва, 2004.”

“S. Y. Yan, Primality Testing and Integer Factorization in Public-Key Cryptography, Springer, 2009.”

这些是现在最能安慰我的，这些均完成于我 30 岁之前，往后的工作只有一点局部影响，所以国际交流对我的数学工作还扯不上有多少根本的关系。

但另一方面，我的优点是能单刀直入攻难题，关键时刻能够死拼，我的缺点则是知识面很窄，不仅不懂物理、几何、拓扑、偏微分方程等，即使数论也懂得很少，所以做研究时，就缺乏后劲，甚至有接不上气之感，除华罗庚外，中国数论学派的其他人大体上也是这个情况。

通过频繁出去交流，我的眼界开阔多了，我将数论研究拓广至丢番图分析，并学习了代数数论、模函数与计算数论，我在国内多次讲过这些东西。多少受我的影响的下一辈朱尧辰、徐广善、于坤瑞走上了“超越数论”之路，冯克勤、陆洪文走上了“代数数论与密码”之路，裴定一、冯绪宁走上了“模函数与密码”之路，宗传明进入了与“数的几何”相关的领域。我还推荐张寿武、罗文致、叶扬波出国攻读博士，他们的领域也都跨出了经典解析数论范围，他们对数论与中国数学的贡献显然比大家挤在经典解析数论中要大得多，特别应该提到张寿武为首的由张伟、袁新意与田野组成的中国数论新学派，是世界级水平的。可以这样说，如果不出去交流，我就不可能起到现在我所能起的作用。

综观上述，我认为要把数学搞上去，从国家层面来说，首先还是要立足国内。从个人来说，还是要立足于个人奋斗。华罗庚在一系列介绍学习与做研究的经验的文章中再三强调自学与独立研究的重要性。陈省身多次告诉年轻人：“你们既不要依靠外国的老师，也不要依靠中国的老师。”这符合辩证法“外因必须通过内因起作用”。所以交流若能起作用，必须有自己的努力为基础，否则就会流于形式，走过场。

其次，在中国除国家派出人员或个人自费出国攻读博士外，到底需要引进什么人才？我觉得需要的是领袖数学家。当然像华罗庚、陈省身、丘成桐这样的大师我们非常欢迎，他们除自己的专业外，对数学有全面的视野与理解。对于某一有深度的领域做过有意思的工作的少数专家我们也欢迎。一般人才，我不觉得有必要引进。

最后我觉得中国的年轻人受到一些误导，小学生的志向就是进重点中学，拿奥数金牌，再进北大清华；然后进中科院或重点大学当教授，拿国家奖，最高目标是当院士，这是典型的等级制度在青少年心灵上的烙印。我对此曾著文与口头批评过。什么时候，大家立志做大学问，做能在历史留下痕迹的工作就好了。陈省身曾语重心长地说：“不要什么奖嘛！大家都来好好做学问吧。”值得深思。

万哲先院士访谈

——代数及相关领域改革开放以来学术交流的回忆

2015 年 5 月 18 日于中国科学院数学与系统科学研究院南楼,《数学与人文》编辑组对万哲先院士做了访谈，主题围绕“关于改革开放初期中国数学界与国际数学界开始的交流及其影响、作用”。在下文中提问者标以“问”，万哲先院士标以“万”。

问：万先生，谢谢您接受访谈，和我们分享一下自改革开放以来，我国数学界在改革开放初期及之后的国际数学交流的一些事情，好吗?

万：我觉得近些年来，最热门的数学应该是几何分析和动力系统。这两门数学我都不熟悉。关于动力系统，改革开放以来南京大学出了夏志宏、程崇庆。

关于几何分析，这是丘成桐先生开创的一个分支。科学院 1980 年就曾经请他回国来讲学，后来又请丘成桐先生和肖荫堂先生回来做系统的讲课，那时大概是 1981 年左右，事前是做了充分准备的。具体怎么组织的我不太清楚，这主要是陆启铿同志组织了一些人来讲丘先生和肖先生的工作，使得他们来了后很多人都能跟上他们的讲课。后来他们带了很多人到美国去，科学院有已经去世的钟家庆，有许以超、丁伟岳、刘克峰，等等，还有很多人我记不清了，另外北大还有一些人，丘先生把他们都带到美国去了。从北京到美国，他都很认真地教这些学生。开玩笑地说，我听说丘先生在美国开讨论班要求必须用中文。这方面很活跃，他很快就带了一批队伍起来了。

由于丘先生的带着学生跑的教法，这个方向很快就起来了，一直到最近几年，还有一些做得很有成效的，像国内有中山大学的朱熹平，科学院的张立群、李嘉禹等，很多人都是优秀的、很有火候的。因此这个方向在国内搞得很活跃，跟国际也比较接轨了。

问：现在很多以前做复分析的人都转去做动力系统了。

万：应是如此。

问：万先生，20 世纪七八十年代我们国家的代数研究，您应该最清楚了。

万：实际上，四五十年代最主要的数学研究方向是代数和拓扑。到了七八十年代已经是几何分析和动力系统的天下了，这两个是最主要的方向。当然，数学家在非主流方向也可以做出很好的工作。例如，在三四十年代，微分几何不是主流，但陈省身先生做出了开创性的贡献，改变了微分几何的面貌，把非主流变成了主流。

问：数论应该是主流吧？

万：数论一直是主流，不过国际上的那种数论，我们搞得很少，最近一些年才有人在搞。我们的解析数论搞得比较好，但一般来讲的数论，如模形式，我们做得很差，模形式在最近有一些人在搞。当初华先生曾经派过一些学生去美国学代数、学模形式，如裴定一、冯克勤。最近这些年，张寿武、田野、刘建亚等人在数论方面的工作很出色。

问：模形式在华先生那个年代就已经是很重要的一个分支，这么多年过去，现在我们国家也有在这个方面深入研究的学者，其间的变化如何？

万：我不清楚数论在这方面的一些具体发展。但我知道裴定一就是去 Princeton 跟 Shimura（志村五郎）学模形式。

问：华先生自己做过模形式方面的工作吗？

万：做过，但做得很少，写过一两篇论文。大概是 1946 年他到了美国时开始做了一点，后来他就回国了，回来后事情多了他就没做了，但是他知道这个东西重要，所以他后来把两个最优秀的学生裴定一和冯克勤送到美国去学模形式。冯克勤更侧重在代数数论方面，裴定一主要研究模形式。

问：代数从 Noether 那个时代建立起整个框架以后，到了五六十年代基本上算是成熟了，成熟以后好像就作为一个工具不太受人重视了，我的感觉好像是这样的。

万：在新中国成立以后，我们在代数几何方面培养了一些人，像华东师大的谈胜利，科学院有孙笑涛，都做得挺好的。

我们在七八十年代之后请外国的学者来帮助发展代数方面也做了一些努力，当然请的人没有像丘先生那么棒的。比如华东师大连续请了好几个人，那个时候系里请人需要有钱，钱由系主任掌握。正好华东师大的数学系主任曹锡华先生是学代数的，他连续请了很多做代数的人，最早的一个是黎景辉，黎景辉现在在澳大利亚，当时他是在香港中文大学，非常热心。曹先生就请黎景辉来讲，讲的时间比较长，大概是一两个月。当时曹先生并不清楚要搞些什么方向，也许是搞 Chevalley 群或别的，黎景辉就很诚恳地建议他做代数群，把年轻人带到代数群方向去。

黎景辉回去后，他就请了 J. Humphreys，讲了两个月，黎景辉可能也讲了两个月。他们讲的时间都比较长，有一个好处是，黎景辉讲过一段代数群，开始那些概念都是很复杂的，但他们连续地讲，先是黎景辉讲一次，Humphreys 接着讲，听的人就能较好地掌握代数群方向的理论了。当时华东师大有一个学生叫王建磐，很受 Humphreys 的影响，Humphreys 给他问题做。

他请的第三个人是名家 J. C. Jantzen，Jantzen 很有名，国际数学家大会也邀请过他演讲。不过好像他们从 Jantzen 那里得到的益处没有从黎景辉和 Humphreys 那里得到的多，Jantzen 水平很高，可是他也许不像丘先生那样讲得大家都能懂，大家都跟着他，所以效果就不是很好。

问：可能 Jantzen 没有考虑从最基本的开始，起点比较高，大家一下子难以接受。

万：对。华东师大的情况大概就是这样，他们连续请了很多人演讲，代数群这个方向就因此在中国建立起来了。

问：那 Lusztig 没去过华东师大吗？

万：那时 Lusztig 没有专门来过，他来得很晚。

华东师大除了请这些人来演讲以外，还派了一个学生去英国 Warwick 大学留学，这个人叫时俭益，他的毕业论文做得非常好，后来在 Springer 出版了，是一本很厚的书。时俭益做的是胞腔（cellular）理论，他回国后教了几个学生，最好的就是席南华，他们都做胞腔理论——代数群里一个重要的分支。时俭益在 Warwick 的导师是 Roger W. Carter，而 Lusztig 在去 MIT 之前就是在 Warwick 跟 Carter 做博士后，因此时俭益就认识 Lusztig 了。后来他们在工作上经常联系，合作过一些工作。所以 Lusztig 不是华东师大专门邀请的人，当然可能过去他到上海做过演讲，但并没有像前面提到的人那样一讲就讲两个月。

问：那早期华东师大那边经常去讲代数群方面的还有谁？

万：先是黎景辉，然后是 Humphreys，再就是 Jantzen。还有一个也是做代数群的华裔数学家，叫黄和伦（W. Wong），讲的时间也比较久，但他讲得有点重复，当然也有好处——便于大家学习。

北师大原来是搞环论的，领头的是刘绍学。他感觉到继续做环论很难有作为了，后来就选了代数表示论，请了两个这方面头等的教授，一个是 M. Auslander，另一个是 C. M. Ringel，他们两个人待的时间比较久，特别是 Ringel，他来了好多次，对帮助中国很热心，而且把北师大的学生带到 Bielefeld，联合培养博士，最早的一个应该是张英伯。后来代数表示论在中国就很成气候了。

科学院请了几位做无穷维 Lie 代数（Kac-Moody algebra）的，一个是

Kac，一个是 Lepowsky，董崇英、苏育才、张贺春等就是听他们讲课学无穷维 Lie 代数的。他们讲的时间没到两个月，每人讲三周，三周也不错了，他们很会讲书，特别是 Kac，讲书极其清楚。像 Ringel 一样，他们也把一些好的学生带到美国去了。科学院有尤玉庆，他去 MIT 跟 Kac 做博士，但后来干别的了；另一个是董崇英，他到了 Rutgers 跟 Lepowsky 做研究。北师大有一个人叫鲁仕荣，也去跟 Kac 做研究，做得很好。这些人后来多数改行了，改到计算机去了。

段学复先生本来水平很高，做过模表示论，因为当系主任，忙于系务，研究工作停下来好多年。他没有请模表示论的专家来，却用了一个效率更高且省钱的办法：派了学生石生明到耶鲁去跟 W. Feit 做研究，石生明把段先生回国以后的这一段模表示论都学会了。石生明当时出去了两年，学得很好。他回来之后，段先生很快也学会了，于是最近代的发展他都掌握了，然后就开始带学生，比较突出的是张继平和张来武，他们的工作都是跟国际接轨的。这两个“张”当时都做得非常好，是同时毕业的。张来武后来当了科技部副部长。

问：石生明老师出国学习时间是哪一年？

万：80 年代中期，他是进修教师，去了两年。

问：那万先生您在七八十年代做哪方面工作？

万：我那个时候花相当多的时间在做编码，另外就是提倡做无穷维 Lie 代数。

问：您做的编码是否有国家给的任务？

万：有的，也有理论课题，但主要我们产生兴趣的是国家给的任务。

问：万先生您培养的学生中做编码的也是较多的一部分。

万：是的。那时正好就是带几个女学生戴宗铎、刘木兰、冯绪宁在做编码。

问：最有名的就是您的三位女将了。做 Kac-Moody 代数要比编码稍微晚一点吧？应该是 80 年代中期？

万：是的。那个时候我们这里做得比较好的是董崇英、苏育才、张贺春、赵开明等。董崇英后来到美国去跟 Lepowsky 做博士后，留在美国了。他现是美国加州大学 Santa Cruz 分校数学系终身教授（曾两度担任该校数学系主任）。他在顶点算子代数，轨形理论以及“广义月光猜想”等方面做出了很好的工作，被许多著名数学家引用，包括菲尔兹奖获得者 Drinfeld，Zelmanov 和 Borcherds，以及 Beilinson 和 V. Kac 等。苏育才后来到了厦门大学，厦大派他到英国做访问学者，又学了 Lie 超代数，现在苏育才在同济大学。张贺春到了研究生院，现在在清华大学。赵开明出国去了。

问：万先生，那时候跟您交流比较多的国际上的数学家除了您请来的 Kac，还有谁呢？

万：还有 Lepowsky，他的研究方向也是 Kac-Moody 代数，具体做的是顶点算子代数。我请他们的原因是这样的，当时丁石孙先生要出国进修，当访问学者，大概是 1982—1984 年，出国前请教陈省身先生学什么东西。丁石孙说想出去学模形式，陈先生没肯定也没否定，但另外跟他说顶点算子代数——就是 Kac-Moody 代数——是值得注意的。后来丁先生把这个话告诉了我，我想陈省身先生的话有道理，就去请陈先生建议的几个人，V. Kac，J. Lepowsky 和陈先生的学生 H. Garland，但 Garland 没来。那时就在科学院研究生院请他们来，每个人讲了三周，每周讲 6 个小时，就讲 Kac-Moody 代数，从定义开始讲，讲到最新发展，效果很好。因此，并不是我找的这个方向，而是陈省身先生建议丁石孙做这个方向，但丁石孙没有做，后来我听到了，有机会在研究生院请人时就把他们请来了。

问：那么把 Kac-Moody 代数引进到国内的就是您了。现在跟以前不一样，以前没有互联网或别的快捷的通信方式，一个新的方向出来，往往要很长时间才知道，但有的人预先知道了就引进来，这是很重要的。现在只要有新的想法，放在 arXiv 上谁都知道了。交流的模式改变了，不需要像以前那样引进了，也不用派大量的人出国学习。

万：对，以前要写信，很麻烦的。

还有一个事情，陈省身先生曾经回来——不是第一次——做了很长的演讲，因为待的时间比较久，而且也做了充分的准备。我们这边做准备的有科学院的吴文俊先生和北大的吴光磊先生，他们专门讲了一本很薄但非常精彩的 Hicks 的 Differential Geometry（微分几何）的小书，讲完之后陈先生就回来讲，虽然我没有听，不知道具体内容，但后来一直都有影响的是陈先生搞的微分几何营，其中张伟平就做得很好。

总之请人回来前做充分准备的，我知道的一个是丘先生回来，另一个是陈先生回来。他们讲的课我都没去听，那个时候在做编码，像吴文俊和吴光磊都很会讲书的，一些年轻人跟着他们先学基础的东西，然后跟陈先生学。

问：您的学生中有一个叫黄民强，现在是院士，他是做编码的吧？

万：是的，他是军人，是我和曾肯成先生联合招的研究生。

问：是哪一年招的？

万：1984 年招的。他本科在复旦，跟李俊同班。他们在复旦时的成绩都非常好，都是八九十分的。

黄民强的学习能力非常强，那个时候我们研究生院的课程比较少，他就自学百科全书里的一本有限域的书，是 Rudolf Lidl 和 Harald Niederreiter 写得很厚的一本书，他从头到尾念了，而且做了习题，那书的习题很多。因此他的编码的有限域基础很扎实。

问：80—90 年代，您在国外工作了很长时间？

万：是的，那段时间主要在瑞典做编码。

问：您对编码的工作主要是在理论上的研究还是跟实际应用有联系的？

万：编码主要有密码和纠错两个方向。70 年代初，我接触到的课题是密码方面的。到了 80 年代我去国外做纠错编码方面的研究，这没有保密可言。

问：我们国家的密码编码在国际上处于什么水平？

万：密码的技术很多是不公开的，但我觉得我们的水平是非常高的。

问：对我们国家从七八十年代到现在的整个代数学研究，您觉得有什么值得考虑的？

万：国内大部分人做代数表示论或者代数群、有限群表示论、无限维 Lie 代数。

问：您后来在瑞典待了多长时间？

万：大概有七八年，但我每年都回国一或两次，每次一个月左右。说起来非常巧：有一种叫卷积码的纠错编码，其中有一篇很基本的文章，我发现那篇文章里有错，后来和瑞典的 R. Johannesson 合作改正了，所以就受到了人家的重视。有同事告诉我，我和 Johannesson 写的那篇文章到 21 世纪初已被引用 100 多次，我也被瑞典请了很多年。

问：李福安老师跟您学哪个方向？

万：典型群，最初招的研究生都是原来“文革”以前的方向。“文革”以前我是做典型群的，尽管“文革”时期停下来了，但到了 70 年代末我还是能很快地把典型群的工作重新拿起来。

问：您在“文革”期间做了哪些工作？

万：“文革”期间我在做编码，具体就是密码学。但也是到了 70 年代，之前几年都是在干“批刘批邓”这些事。

问：华先生最后跟代数有关的研究是典型群吗？那大概是什么时候？

万：是的，1950 年左右吧，他在美国的时候就开始做，然后回国继续做，但做了不久就转向多复变了。

问：典型群和代数群的研究方法有什么联系和区别？

万：华先生做的典型群主要是矩阵演算，属于线性代数的范畴，而代数群是多项式代数，两者用的方法是不一样的。

问：代数群要涉及拓扑结构。

万：里面牵扯到拓扑结构，更主要是代数结构，代数簇。

问：现在研究典型群已不是特别为数学界关注，这个情况是何时开始的？

万：50 年代已经开始有这个趋势。

问：80 年代我读本科快毕业时，李尚志老师去杭州讲过一次典型群，就用华先生和您合写的书。

万：李尚志做典型群做得挺好的，已经超出我们原来做的问题了，他做极大子群。华先生那时已经不做典型群了，在做优选法、统筹法。

问：当初华先生和您做典型群的时候您们做什么问题？

万：典型群自同构。在有限域上是有限群，不在有限域上就是无限群了。我们做典型群的方法主要是矩阵，表示论就是把有限群看作矩阵群。

问：那么典型群的研究对表示论有什么意义？

万：典型群本身也有表示论，做得最好的当然就是 Cartan 和 Weyl。

问：华先生的研究没有涉及表示论这一块？

万：华先生的多元复变函数论实际上就是典型群的表示论，他做的是典型域里的正交系，这些正交系实际上是典型群矩阵的系数。

新中国成立前华先生在昆明的时候，曾花了很大的劲儿去念 Hermann Weyl 关于典型群的书，后来做多复变的时候用上了。他 40 年代就念这个书，书都被念得破破烂烂的。

问：典型群的不变量和表示在代数群里是否有平行的理论？

万：有平行的理论，但方法很不一样。

问：关于改革开放后中国数学与国际的交流，您还有什么可以补充的吗？

万：80 年代，陈省身先生提议举办了很多次双微（微分方程和微分几何）会议，第一次丘先生也来参加了，这个会议对微分方程和微分几何的发展很有作用，举办了很多次，但后来就没有了。陈先生后来办微分几何营，那也团结了很大一批做微分几何的人。

问：您到国内高校讲学好像相对较少。

万：是的，我就是 80 年代初去过山东大学讲有限维 Lie 代数，那时我写了一本 Lie 代数的书。后来我从丁石孙先生那里了解到陈省身先生的意见后就决心去搞无限维 Kac-Moody 代数，因为我有有限维的基础。

问：这几年 Lie 代数圈子搞的年会您都去吗？

万：不是都去，最近两次去了，一次在浙江湖州，一次在四川。今年在河南信阳，但我不知道我能不能去，因为身体一年比一年差，而且最近还摔了跤，动了手术，身体明显不如从前，所以到时看看身体情况怎样再决定去不去吧。

问：您之前为丛书写的一篇文章里面提到曾炯之，您对他比较了解，是吗？我对他在浙大工作的那段历史比较感兴趣。国内现在还有没有他的学生？

万：不是很了解。他教过的学生有数学所的越民义，吉林大学的孙以丰，南京大学的叶彦谦和华东师范大学的朱福祖、曹锡华，可惜他们均已年过 90 或不在世了。曾炯之在浙大只待了一两年，就去了北洋大学。抗日战争爆发后，北洋大学内迁到西安，跟北师大等校组成西北联合大学，后来吵架就解散了。他跟原来北洋大学校长李书田去了国立西康技艺专科学校，所谓的西康省现在已经没有了，其实就是四川西部和西藏东部的一块。很可惜，那时西康的医疗条件太差了，他就因为胃病去世了。

问：因此曾先生离开后，浙大就几乎没有搞代数的了。

万：在他走了以后，抗日战争时期是请蒋硕民在教；新中国成立后，曹锡华教过几年，但院系调整曹就到华东师大了。

问：万先生，非常感谢您接受我们的采访。

关于改革开放初期中国数学界与国际数学界的交流及其影响、作用

陆启铿

编者按：受主编委托，丛书编辑小组于 2015 年 4 月向陆启铿教授提出以本文题目为主题的访谈的请求。陆先生高度重视，于 4 月 13 日给编辑小组复函，表示因身体欠佳，不能接受当面访谈，但愿意以书面形式接受访谈。没过几天的 2015 年 4 月 18 日陆先生就通过杨乐先生递交了他在克服病痛状态下完成的书面访谈，也就是本文，并同意丛书在做必要勘正后予以发表。在此感谢陆启铿先生生前的宝贵支持。

文后我们附上了陆先生提供给我们的他在自己 80 岁生日会上的演讲（摘自《陆启铿传》），里面概括了他对国际学术交流所做的一些事；另外附上了丛书主编丘成桐先生在陆先生刚刚去世不久所写的纪念他的一首诗。供读者参考。

1. 您所了解的七八十年代中国数学界与国际同行的交流

我认为当时中国学术界与国际同行的交流应该是从 1971 年开始的。那一年，美国总统尼克松宣布放宽旅华限制，杨振宁属首批申请回国探亲的人之一，立刻被批准。中国认为这是一个重大的信号，十分重视，周恩来总理亲自关注杨回国探亲之事，并找了周培源，叫他组织一个小组，负责杨振宁到北京做学术活动时的接待工作。当时正值“文化大革命”，中国科学院与所有大学的基础理论研究都停止了。周培源发现中科院物理所 13 室（以前叫“大批判组”）还有人搞基础理论，而且还发表了几篇论文，他就到 13 室找了一些人组成一个接待小组，其中包括了我，因我那时恰调到 13 室工作，参与了写论文。

杨振宁的访问，得到毛主席接见与周总理宴请，这大大鼓励了许多著名美籍华人科学家要求到中国访问。接着李政道、陈省身等许多著名科学家都来了。他们做的学术报告，有不少我也参加了。

陈省身在 20 世纪 70 年代来了不止一次。有一次，他来数学所做报告，一看见我就大声说“Look!”，原来“文革”前我的英文论文署名是 K. H. Look,

是广东话的音译。后来要统一译名，才改成 Qikeng Lu。陈省身告诉我在他的学校里有一个人叫伍鸿熙，他研究的方向和我非常接近，即多复变函数与广义相对论，言下之意是叫我邀请他访华。当时中科院邀请外宾由外事局统一处理，不归各个研究所管。于是我就向外事局申请邀请伍鸿熙来讲学一个月，外事局批准了，伍鸿熙于 1978 年来到中国科学院数学研究所讲学。当时外宾的访问是不给报酬的，只是讲学之后，请他们出外旅游一次，对食宿、国内旅费全免。所以伍鸿熙及其夫人，是以我为主接待的第一个数学家。伍鸿熙向我介绍了一个研究多复变函数的 Stanford 大学教授肖荫堂，并且把肖的好几篇多复变论文单行本送给我，意思也是叫我邀请肖荫堂。另外，陈省身在 1979 年寄给吴文俊和我一篇丘成桐所写解决 Calabi 猜想的预印本，长达 100 页。吴文俊可能因太长没有看，把文章交给了我。我想陈省身的意思也是让吴文俊和我邀请丘成桐，所以我硬把这预印本看了一遍，北大张恭庆知道此事，建议我们组织一个讨论班讨论此文，我没有答应，因为我没有完全看懂那些先验估计，我想还是邀请丘成桐自己来讲一讲吧。经请示华罗庚，获得他同意后，我们邀请了丘成桐于 1979 年来数学所讲学一个月。他当时在 Stanford 大学工作，所以就和邀请的肖荫堂一起来了，这是我接待的第二与第三位来讲学的华人数学家，因为那时候请外国人来讲学的单位还很少，故到数学所来听他们三人讲学的不只有数学所的人，我们通知了全国主要大学派人来听。要求来的人很多，所以数学所的业务处建议来听讲的要交费，我坚决反对，因为这是学术交流，不是商业行为。(幸好没有收费，因为后来 Griffiths 去南开数学所讲学，去听讲的要交费，Griffiths 听见后大怒，特意要从美国飞来中国调查此事。) 因此他们三人的讲学对中国数学的发展起了广泛而深远的影响，回答下一问题时再述。

中美于 1979 年正式恢复邦交，伍鸿熙邀请我去加州大学 Berkeley 分校访问 3 个月。但外事局担心我有残疾行动不便，到国外可能遇到困难，迟迟没有批准。伍鸿熙便以当时系主任 S. Kobayashi 的名义给外事局去信，说在美国残疾人有许多优待，请放心。这样外事局才批准我出国。此次出国使得我以后每次出国申请都被批准，这不但对我有深远的影响，而且间接地对中国的残疾人福利事业也有一些影响。(见文爱平“无障碍城市，我们离你有多远?”) 在 Berkeley 的期间，我眼界大开。数学系有许多讨论班，伍鸿熙为我租了一个电动轮椅，这使得我可以出入各个教室，有可能参加我看中的讨论班或听报告。我还听过一次 Smale 做的关于战争与和平的报告，有一次把电动轮椅开进了 Kobayashi 办公室和他讨论一些问题。每星期有两天由正在同一大学访问的张圣容从 Berkeley 接我去 Stanford 大学，参加肖荫堂的一个讨论班，我住在杨建平与张圣容的家，他们的家是租用丘成桐留下的房子，这时丘成桐已经从 Stanford 转去了 Princeton 高等研究院工作。肖荫堂还叫 J.

Kohn 邀请我去访问 Princeton 大学一个月。我在 Princeton 是住在丘成桐的宿舍，白天郑绍远接我去上班，晚上接我去他家吃饭，然后送回宿舍。但我主要参加的学术活动在高等研究院。这时盛传我回国后要当副所长，所以有不少非华裔的美国数学家和我接近。他们希望有一天我能邀请他们去访问中国，他们对遥远而生疏的中国很有兴趣，但是他们不知道中国那时很穷。我回国后，仅邀请了 A. Borel，原因是我看到他的著作中引用了华罗庚的工作，他是我第一个邀请的非华裔数学家，他来讲的是代数群，他的讲稿后来成书出版。他的讲学使中国国内有人开始了代数群的研究。他热爱中国的文化，对敦煌很有研究。我后来还请他两次来讲学，其中第一次讲自守形式，讲义用中文在中国出版，然后由外国出版英文版；第二次讲对称空间的紧化，讲义后来和季理真合作在德国出版。A. Borel 是非华裔数学家中我交往最多的一个，每年我的生日他都寄给我一盒巧克力，直到他去世。

1980 年一个国际物理基本粒子会议在广东从化召开。这个会议也要邀请我参加，但由于我在此时期正在 Berkeley 访问，没有参加。但很多 13 室的同事参加了，有的还报告了和我合作的论文。他们告诉了我会议详情，这个会议的规格很高，会后还包了专机让参加会议的人在国内旅游一番。陈省身知道有这样的物理会议，向方毅院长提出也开一个类似的数学会议，叫双微（微分方程与微分几何）会议。方毅院长同意了。但陈省身不知道为什么开这样的物理会议的原因，原因是 1977 年科学规划会议期间，邓小平接见美国的最大加速器主任时，那主任说中国那么大不能没有一个加速器，邓小平指示规划会议讨论一下是否要建一个加速器，这次规划会议我参加了，在数学组。但物理组的人我大多认识，大家知道物理规划本来没有讨论加速器这一项，一听邓小平同志指示，立刻半夜开紧急会议，一致通过要建立一个加速器，杨振宁知道这个消息，他很反对，认为中国那么穷，花那么多钱建立一个能级不高的加速器太不值得；而李政道则极力赞成，认为建立如此的加速器可使中国获得建加速器的经验，而且可以在某些范围得出成果，这对中国高能物理发展大有好处。两种不同意见，在国外华裔物理学界也引起争论。方毅知道邓小平是要建的，因为中国参加在苏联的联合物理研究所每年就要交一千多万元经费，在中苏关系变坏后中国不能使用那里的加速器。在中国建立加速器的钱，不交几年经费就可以了。为了平息争论，争取国外华裔物理学家们的支持，所以在广东从化开这样的一个会议。会议有一天要求参加会议的人签名支持建立加速器，李政道带头和大多数华裔物理学家都被说服签了名。

最后加速器建立了，而且建立之日邓小平亲自参加开幕式，建成之后，这个项目真的培养了一批人才，出了一些好成果。虽然那时候方毅不再是科学院院长，但他是对的。

在 Princeton 期间，J. Kohn 与肖荫堂建议在中国开一个国际多复变数函数论会议，我表示同意，但要问华罗庚的意见。1981 年经过许多曲折、困难，多复变国际会议终于在杭州汪庄召开，我为申报此会给科学院打的报告，盖了 20 多公章批准了，但很遗憾没有获得美国科学基金会的支持，本计划以他们的经费支持美方来参会代表的费用。参加这个会议的人主要以中、美、德三国的人为主，另外有一个日本人 Nakano，一个法国人 Sibony。中、美、德三国参加会议的人，经费由各国自己筹划，会议地点在汪庄，是毛主席以前在杭州的住所，也是发起“文化大革命”的地方，此地风景优美，外国人很喜欢。这个会议的特点是，以往请的外宾多是美国人，现在多了七八个德国人，还有日本、法国各一人，就是学术交流开始扩大到美国以外。第一个被邀请到数学所讲学的德国人是 Hirzebruch。他回国后，邀请我去访问德国波恩大学的数学中心四个月。我大约是 1981 年 10 月到波恩的，参加过杭州会议的德国人所在的大学都邀请我去他们的学校做一次报告。此外 Grauert 邀请我去 Göttingen 大学做报告，他为了把经费给别人用而自己却没有参加杭州会议，于是我特别邀请他去数学所讲学。Göttingen 大学是科学的圣地，历史上许多伟大的科学家，如 Gauss，Hilbert 等都曾在此工作，能够有机会在此做一报告是莫大荣幸。在德国，我几乎每个星期都要从波恩出差一次，到德国的一个大学做报告，直到 12 月底，突然接到瑞典 Mittag-Leffler 研究所所长 Carleson 邀请我去一个月，这是由于有一个美国犹太人 Bubea 的推荐，他研究过我关于 Schwarz 引理的文章，并做了一些推论。Mittag-Leffler 研究所的规模很小，那时正值圣诞新年假期，全所只有我和 Bubea 两人，而且不久后，Bubea 也期满回美国，我们讨论过两三次问题，剩下我一个人待在 Mittag-Leffler 研究所。但该所的二楼是个图书馆，其中有许多古老的数学书，如 Jacobi 的著作，此外，古老而有名的杂志 *Acta Mathematica* 也是由此所出版，第一期就是 Poincaré 三体问题的著名文章。所长 Carleson 以解决 corona 问题出名（后得 Abel 奖），我邀请他访问中科院数学所，他欣然答应，次年即带夫人访问，我特别介绍杨乐、张广厚和他认识，因为他们都搞单复变，我希望 Carleson 能邀请他们去 Mittag-Leffler 研究所，Carleson 也答应了。

从瑞典回德国后，我在德国旅居已近期满，匆匆准备去法国高等研究院（IHES），院长 Kuiper 亲自到机场接我。他曾邀我到他家吃饭，介绍 Zagier 与我认识，Zagier 为我们演奏了钢琴。我国驻法国大使馆的文化参赞，特别为我在大使馆举行一个招待会，叫我开列邀请人的名单，我开列的是 Lelong（法国总统戴高乐的科学顾问，被法国人认为是右派），Karbano（法共中央委员，左派），Kuiper（荷兰人，中派）。文化参赞觉得左、中、右名人都请到，十分满意。我在 IHES 只待了一个月，便匆匆回国，因为华罗庚委托我主持数学所工作，有很多事情要回国处理。

此次欧洲之旅，打开了欧洲国家与中国交流的一扇门，为我以后推荐数学所的同事与研究生去欧洲国家深造提供了许多机会，例如我推荐张寿武跟 Zagier 做研究生，Zagier 欣然接受，但不知何故，张寿武没有去德国而去了美国做研究生。我推荐张寿武的原因是因为他了解 Faltings 的工作，而 Faltings 的工作得了菲尔兹奖，但在德国却找不到教授的位置，因为德国教授名额要增加，须经国会通过，他只好接受美国 Princeton 大学邀请去那边当教授。张寿武可能为此原因没去德国，他后来确实参加了 Faltings 的讨论班，并且是此著名讨论班中活跃的一员。当然我还推荐过一些同事或研究生去欧洲，但没有什么特别突出的，这就不提了。

1988 年在瑞典 Mittag-Leffler 研究所举办多复变函数年的学术会议，主持人之一 Kiselman 邀请我去访问三个月，在那里遇见了伍鸿熙、肖荫堂、J. Kohn 等熟人，我国驻瑞典大使馆的文化参赞，为我举行了两次招待会，第一次我推荐伍鸿熙、Kiselman、Fornaess 夫妇参加，第二次我推荐肖荫堂、Carleson、J. Kohn 参加，大使馆也很满意。

在瑞典与我同一办公室的有一个苏联人 Sergeev，他告诉我，苏联科学院 Steklov 研究所所长 Vladimirov 邀请我回国时经莫斯科访问该所一周。由于中苏交恶之后，互相的交流已经停止多年，这是许多年之后，第一次有中国人访问 Steklov 研究所。Vladimirov 邀请我做一个两小时的大报告。在报告之后，他当众向我提出"扩充未来光锥管域是正则域"猜想，认为这十分可能由华派的人解决，因为未来光锥管域就是第四类典型域。我答应回国考虑，回国后立刻组织讨论班讨论。研究生周向宇解决了其中一个简化了的问题，叫"Sergeev 猜想"。我立刻推荐他去跟 Vladimirov-Sergeev 做国家博士研究生，经十年的努力，周向宇终于解决了 Vladimirov 猜想问题，得到了苏联的国家博士。这是苏联授予中国人的第三个国家博士。

1988 年在中国举行了一个纪念华罗庚的国际会议，我邀请了肖荫堂和 Grauert、Vladimirov。Grauert 说，他之所以来，是因为他访问数学所时，华罗庚正生病住医院，他特别从医院出来请 Grauert 吃饭，吃完饭又回医院，这使 Grauert 十分感动。

1989 年的政治风波，使得西方国家宣布对中国制裁，这影响了中国数学界与国际数学界的交流。1992 年我到美国参加庆祝 J. Kohn 的 60 岁生日的会议，见到一些之前曾向我表示希望访问中国的外国科学家，现在却拒绝了我的邀请。我对外交流的努力就从此终止了。直至 1996 年我宣布，到 70 岁后我再不出国了。

2. 您怎么评价这些交流的意义、作用?

自 1949 年中华人民共和国成立，中国大陆即与西方国家完全断绝了学术交流，数学也不例外。所以去欧美留学的华裔学者，只有从香港与台湾去的，故我后来认识的华裔数学家皆是从此两地去的。我们对西方数学的发展只有通过一些西方期刊了解到点滴，而关起门来搞自己的老一套研究，整体来说，我们的数学与西方的差距越来越大，特别是“文化大革命”开始后，再不订阅外国期刊，因此对外界几乎一无所知，直到改革开放恢复与国外交流之后，情况有所改变，知道了国际上数学进展非常之大，与国外差距如此之远，使得我们觉得要奋起直追，而交流使得我们开启新的研究方向，培养了一批后起之秀，使得中国的数学产生大的变化，成为一个数学大国，显然还不是强国。

具体一些说，我邀请的前三位华裔数学家，都是广东人，他们都是从香港出去留学的，这是很自然的事，我们都会讲广东话，大陆已经几十年没有人去西方留学了。

伍鸿熙、肖荫堂、丘成桐的讲学，各有特色，但相同的是全国各主要大学都有人参加听讲，因此影响是全国性的、大范围的。伍鸿熙的讲学是侧重基础，他对各大学的老师侧重讲基础影响较大。肖荫堂的讲学是介绍国外多复变新的发展与方法，虽然较专门一些，但影响了我国一些较年轻的数学家(如钟家庆)，使得他们有了新的发展方向，不只是老一套：搞典型域。丘成桐的演讲侧重于几何分析的最新结果，这影响很大，使得中国从此有人在几何分析方向开展研究，在此之前，国内数学界是没有人研究几何分析的，以后在此方向涌现出不少人才，做出很不错的成绩，例如张恭庆受丘成桐的影响，由泛函分析转而研究几何分析。

最近几年，数学所当选的院士袁亚湘、席南华、周向宇，无一不是分别留学英、美、俄，今后可能再没有如我们那一代完全是土生土长的院士了。

有些留学生出国之后没有回来，但是他们入选百人计划、千人计划后，同样可以为中国服务，例如张寿武、刘克峰，特别是张寿武，他在国内培养出田野这样的研究生，得了 Ramanujan 奖和晨兴奖。

3. 您认为那个年代哪些人、事是重要的，或给您留下了深刻印象?

数学所邀请丘成桐来讲学的时候，他还没有得菲尔兹奖。两年后得知他获菲尔兹奖很是高兴，因为这是华裔数学家得此殊荣的第一人，我们有幸请对了人，此事印象最深刻。杨振宁从美国打电话问中国科学院有没有去祝贺丘成桐? 科学院业务局打电话来问我知不知道，我说我已经告诉钱三强的秘书，他竟不知菲尔兹奖为何奖，大概没有转告钱三强；我也打电话告诉周培源的秘书，周培源得知立刻打电话向丘成桐祝贺。

周培源对丘成桐评价很高，有一次他请丘成桐在人民大会堂吃饭，我作为陪同，听周培源说："菲尔兹奖比诺贝尔奖高，菲尔兹奖每四年才评一次，诺贝尔奖每年都评，菲尔兹奖的评委是由各国专家组成，而诺贝尔奖的评委只由瑞典人组成。"

4. 您认为我们这个开放的过程中，是否有失误是值得反思的地方？

值得反思的事就是：国外科学界中也有派别和矛盾，千万不要卷入他们的纠纷之中。

附 1：在 80 岁生日会上的演讲

2006 年 6 月 6 日在北京翠宫饭店举办了隆重的生日晚宴，庆祝陆启铿 80 岁生日。我们把陆启铿的发言摘录如下：

亲爱的朋友、各位同仁，大家晚上好！

首先请允许我借此机会对参加今天晚宴的所有人表达我最热烈的欢迎和最诚挚的谢意。

在今晚这个特别的时刻，回想我的学术生涯，我发现自己是个非常幸运的家伙。幸运可以追溯到 55 年前，当时华罗庚教授从国外回来，开始创办中国科学院数学研究所。那时，我还是一个刚刚从中山大学数学系毕业的学生。幸运的是，我被华老选中，参与到了数学所的筹建中。从此华老的指导让我终身受益。多年以后，我打算去美国进行学术访问，但是这让中科院外事局很挠头，因为我可能会遇到不便。伍鸿熙教授写了一封信告知，在美国残疾人有各种优先权，会受到各种照顾，这是我的第二次幸运。这封信打消了外事局的担忧，立即通过了我的出国申请。从此，我的任何出国申请都顺利通过，这使我得以经常出国访问，到过美国、德国、法国、瑞典、意大利、俄罗斯和日本。这些访问使我开阔了眼界，了解到这些国家的数学研究水平，认识到中国数学研究的差距。

我是一名普通的中国数学工作者，没有做出十分杰出的成就，对中国数学界没有做出多大的贡献，在这里唯一值得一提的是，自从邓小平的改革开放政策之后，我坚持与国际数学界进行学术交流，使相当多的学者和学生出国深造、做学术研究。我记得，经华老同意后，以华老的名义，我邀请过许多世界著名的数学家来华访学，其中有伍鸿熙教授、丘成桐教授、萧荫堂教授、陈省身教授、杨建平教授，以及伯雷尔教授、希策布鲁赫教授，卡尔松教授，韦森蒂尼教授，柯伊伯教授，格劳尔特教授，格里菲斯教授，弗拉吉米洛夫教授。这些著名学者做了报告，与中国数学家进行了交流；他们在中国的活动受到了极大关注，对中国数学界产生了重要影响，尤其是对青年一代。这里我想指出，我们只能让这些学者免费住宿，而无法支付其他费用和酬金，他们都是自己支付来华旅费。然而，我们的学者和学生大多都受到了他们经济上的资助。我对他们的慷慨帮助和支持感激万分！

现在，我想借此机会感谢我中国的同事。首先，我想感谢的是吴文俊教授。年轻的时候，我听了吴先生很多的报告，并从中学习了大量新鲜的几何知识。我还要感谢我的合作者，感谢中国科学院数学研究所，感谢管理部门的同志，感谢我的学生们——他们有的已经成为我同事。如果没有你们在工作和生活上善意的帮助和支持，我不可能活得如此快乐，更不用说庆祝自己80 岁生日了。

再次感谢你们，我的朋友和同事们！

附 2

悼陆启铿教授

启迪忘身，一生心血扶后进，
铿锽有作，多元复变泽长存。

丘成桐

二〇一五年八月三十一日

李文林教授访谈录

——改革开放初期的数学国际交流

2015 年 5 月 20 日上午，在中国科学院数学与系统科学研究院思源楼，李文林教授接受了丛书编辑小组的访谈。下面是这次访谈的记录。

问：李老师，今天想请您谈谈您知道的改革开放初期国内高校或者整个中国跟国外交流的情况。最近我们采访了杨乐先生和王元先生，他们谈的主要是跟科学院有关的情况，跟他们个人经历有关的比较多。

李文林：我想杨先生知道的应该更全面些，因为他一直处在前沿，也在领导岗位上。

问：20 世纪七八十年代您在哪儿?

李文林：那时已经在北京，因为我是 1965 年到科学院数学所的，就是“文化大革命”开始的前一年。

问：您原来学的是什么方向?

李文林：偏微分方程。我从中国科学技术大学毕业后就分配到数学所，当时中科大还在北京，郭沫若是校长，华罗庚是副校长兼数学系主任。我比较幸运，是“文化大革命”前按时毕业的最后一届。不过，我记得很清楚，我刚到数学所后只在中关村 88 号宿舍楼待了七天就去了安徽，去搞“四清”，当时叫社会主义教育运动，去了一年。然后到了 1966 年，科学院就打电报过来，叫我们回来参加“文化大革命”。也是就说，我们一到数学所就没能马上进入业务研究。

问：但无论如何，您在数学所的位置就先定下来了。

李文林：可以这么说吧。我想就从这儿开始和你们谈改革开放前后的对外交流问题。

我们从安徽回来以后，基本上就是到清华北大看大字报，自己也要写写大字报。当然，像我们这些刚来的大学生，也不太了解情况，一般就写比较笼统的那种。

问：那个时候是不是也抱着某种激情来写的。

李文林：说实话我不是造反派。一下子有那么多人倒了，思想还是跟不上。但随着运动推进，看看大字报，也会产生一定的激情吧。因为整天都是开会，每个人都得表态。总的来讲，大概至少在 1972 年以前，科研工作是停顿的，对外交流也基本上是停滞的，这是我自己的经历。

问：您在那一段时间是怎么过的？

李文林：当时比较明确的是，要参加“文化大革命”，每个人都得看大字报、写大字报。当时的激情来自对毛主席的绝对信任。毛主席接见红卫兵，我的家庭出身是一般职员，不属于红五类，红卫兵接见是肯定没我的份。但是人民大会堂我也去过一次，看到毛主席在主席台上，反正很激动，我记得我当天就写信给我的家里人说我见到毛主席了，尽管是隔了很远的。另外，我也卷到了数学所的一些争论当中。比如，吴新谋，我们微分方程研究室主任，跟他的几个同事——张素诚、叶述武等，当时被定成反党集团。我觉得想不通，于是发生了一些争论。这种都是比较具体地针对基层单位的事，高层的斗争我们不可能参与，只能是跟随着参加“大批判”。

从 1966 年到 1972 年，这六年一般的人都没有搞科研业务，但也不能说一点没搞，当时批判理论脱离实际，提倡科研结合工农业生产和国防建设，我们也做过一些调研，尤其是微分方程还是相对容易结合实际的，但是真正动手去做的很少。有少数的人，他们比较坚持，像陈景润、杨乐、张广厚，等到运动过去，他们发表成果，大家才知道他们“文革”时还在坚持做研究，因为“文革”期间不能公开地做，只能像地下工作者那样偷偷地做。整个气氛就是那样，大多数人都没法继续坚持，而且白天也很忙，几乎天天都要开会。

问：开会就是读报纸、学《毛选》，是吗？

李文林：是，学习毛主席指示和中央文件、马列著作。说实在的，到后来常常是变成海聊，但是大家必须坐在那里开会。不管怎么评价，我想作为一个国家，作为一个科研机构，长期不做科研这总是问题。真正开始恢复基础理论的研究，那是在 1972 年，周恩来总理给张文裕写了一封信，他从高能物理方面谈起，指出要加强基础理论的研究。有了这个指示以后，科学院各个所就开始恢复理论研究了。

“文化大革命”当中，我们的研究室都是打散的，都是按连队编制，我记得自己是编在四连。要到了 1972 年才开始恢复研究室，恢复基础理论研究。

那么对外的交流这个时候也开始复苏了，而在这之前，我想基本上是停顿的。从 1972 年恢复基础理论研究开始，已经有少量的人来访问，一方面是请国外的科学家来讲学，最多的是华人科学家，数学学科有陈省身、林加翘、丘成桐，还有王浩、伍鸿熙、项武义、项武忠，陆陆续续都回来了。另一方面，我们也开始派了少量的研究人员到国外去访问，但是那个时候数量很少，基本上是去少数西欧国家，其实这在“文革”以前就已经开始筹划了。我听说当时出去必须是两个人在一起，不是充分的自由。

到了 1976 年，“四人帮”被打倒以后，整个科研都开始恢复。科学院通过批判“四人帮”，强调恢复基础科学理论研究，更名正言顺、大刀阔斧地来恢复。“文革”十年，大部分人都没接触国外的东西，像 1972 年陈省身先生第一次回来在数学所讲 Atiyah-Singer 指标定理，整个的发展变化很多人都不知道。所以当时我们就面临一个很大的问题：怎么样尽快跟上国外的发展？

幸好大家的热情还比较高，只要有外宾来讲课，基本上不分科室，大家都去听，拼命地想要了解。一开始密度最高的当然还是美籍华裔数学家来访，他们回来的积极性也比较高。如陈省身、王浩，这两人的报告我都参加了。陈省身讲微分几何，但是各个专业许多人都去听。王浩讲的数理逻辑跟我原来的专业微分方程没有必然的联系，我当时也带着很大的兴趣去听过。另外，大家学外语的热情也是很高。那时在清华考过一次试，主要是看看英语的合格程度，我们数学所去了很多人，合格率还是比较高的，说明大家都很努力，那次考试我没有参加。

问：那时候做报告的照片还有吗？

李文林：陈省身、丘成桐的有，待会儿可以给你们看；王浩的也应该有，但是数学所似乎没有保存。不过我找到一张当时王浩来访时与胡世华的合影。

陈省身首次回国讲学（中科院数学所 405 教室，1972 年）

除了自己回来讲学，华人数学家还积极帮助我们建立与国际数学界的联系、推荐介绍欧美一些数学大家访华。比如我在科学院档案室看到一封华罗庚写给林家翘的信，其中谈到了 SIAM（国际工业与应用数学学会），虽然没有找到进一步的材料，但显然林与华谈到了与 SIAM 的联系事宜。还有一封陈省身写给数学所田方增、吴文俊的信，推荐 A. Weil、Bers 等访华。这些后来都成行了。

一方面是“请进来”，另一方面就是“走出去”——派遣访问学者。大规模走出去应该是 1978—1979 年以后。我觉得这个措施是很对的，而且这个

王浩首次回国讲学期间与胡世华合影

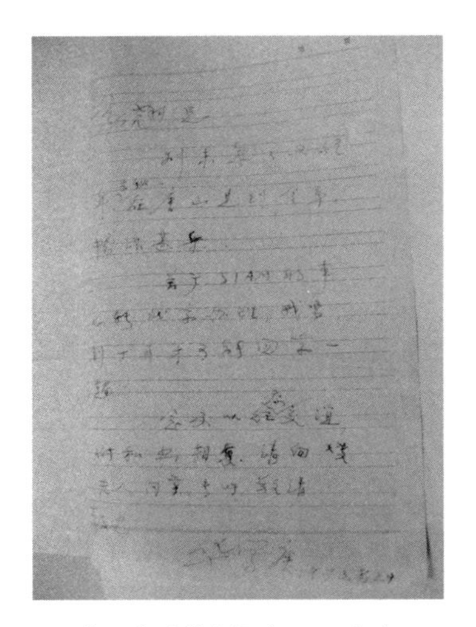

华罗庚致林家翘（1973 年）

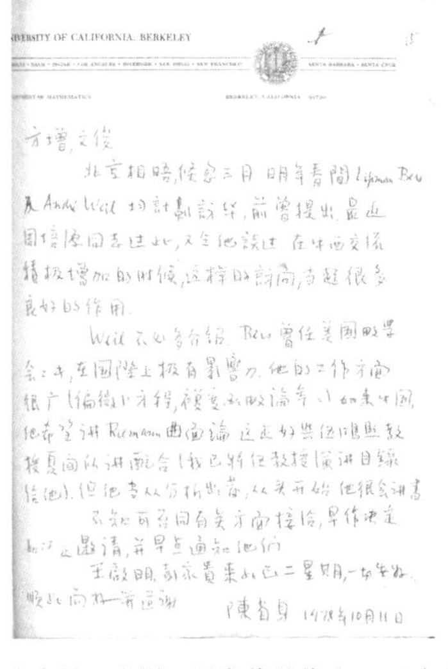

UNIVERSITY OF CALIFORNIA, BERKELEY

方增，文俊

北京相晤，倏忽三月。明年春間Lipman Bers及André Weil均計劃訪华，前曾提出，最近国務院同意过此，又会他談过。在中西交流積极增加的时候，这样的訪问，當起很多良好的作用。

Weil不必多介紹。Bers曾任美国數學会会长，在国際上极有影響力。他的工作方面很广（偏微分方程，複变函數論等）。如来中国，他希望讲Riemann曲面論，这正好與[illegible]教授夏间所讲配合（我已将[illegible]教授演讲目録給他）。但他喜从分析出發，从头开始。他很会讲書。

不知可否同有关方面接洽，早作決定[illegible]邀請，并早点通知他们。

王啟明、郭家貴来此已二星期，一切安好。

順此向你們[illegible]

陳省身　1978年10月11日

陈省身给田方增、吴文俊的信（1978 年）

规模比较大，规模大到什么程度呢，全国的我没有做过统计，但就科学院跟数学有关的研究所，我做过一个统计，根据从科学院档案室查到的名单，1980 年到 1983 年这四年，科学院与数学有关的是四个所：数学所、系统所、应用所还有计算中心（现在叫计算数学与科学工程计算研究所），这四个所四年间一共派出去了 80 多个访问学者，是国家派的访问学者，不是那种短期的访问团。其中数学所一共有 34 个，占了该所科研人员的三分之一，派出去的时间至少两年，实际上就是留学，但当时不叫留学生，都叫访问学者。应用所的比例就更大了，他们总人数少，那四年间派了 16 个，但占了他们全体科研人员的百分之四十。1985 年以后派访问学者已经变成常规活动了，当时的访问学者一般不拿学位，去了以后就访问、学习，也跟国外学者做合作研究，后来就逐步允许更年轻的学者出去拿学位了。

杨乐、张广厚访问英国时与著名函数论专家 W. Hayman 讨论交流（1980 年初）

陈景润在国外（1979 年）

问：您知道那个时候国内高校，或者北京以外的情况吗？

李文林：高校是一样的，科学院的情况是一个点，这个点反映的实际上是全国的情况。之前请国外学者来访的时候，科学院是中心，像陈先生回来，就是数学所组织的，全国的人都来听，因为当时高校条件相对来讲差一点，接待外宾的活动还是北京比较多。但是派访问学者的话，虽然科学院的比例也许稍高，实际上在高校也是一个高潮，很多人都在这个时候作为访问学者出国学习。我是 1981 年走的，稍微晚一点，其实 1978—1979 年数学所就开始陆陆续续有人走了，那两年的数字我还没算，只算了 1980—1983 年的，若加上前两年和稍后派出的，我可以说，数学所当时的科研人员，百分之九十以上都到国外进修过。我想高校的情况基本上差不多，但外派人员在比例上可能没那么高，这有好多因素，毕竟科学院对外接触比较频繁，另外，通过外语考试的机会也多一些。当时出去必须要有一个英语考试成绩，不像后来有等级考试、托福考试等，当时就是教育部组织的一个考试，我记得我们数学所当初去清华参加英语考试的大部分人都过了。访问学者在国外学习，了解国外发展的前沿动态，也跟国外的数学家进行合作研究，有些人发表了比较重要的成果。访问结束后，绝大多数人还是回到了国内，少数的留在那里念学位，后来时间长了没回来的也有。回来的人就把他们在国外学的东西继续发展，进行研究，更重要的是后来有了学位制度以后，他们作为导师，担负起培养下一代的任务。

这一时期的工作，我想主要作用是承前启后，这也体现了我们国家知识分子传统的勤奋、自强和执着的精神。因为当时的情况比较困难，大家想要在短短的几年内，跟上国外的步伐，而且语言本身也是个问题，所以我想这个阶段交流是一个很重要的主题，可以看出我们国家科研环境的变化和这个时期的知识分子的精神状态及他们所做的事情，这些给我感受还是比较深。

1985 年以后，基本上“走出去”、“请进来”已变成常态。现在我们每年出国的人员中科学院占的比例很大，有的是在国内念完研究生到国外去读博，有的是访问学者，有的是短期地参加会议，这个频率很高，很难统计了。邀请外宾也是这样，一年我们都邀请百人以上，几乎每天都有告示。当年请来一个外宾都很慎重，大家都来听，现在听报告的人少了，有些报告就几个人来听，因为要专业对口，这是现在的常态。国外也是这样，大部分报告，听的人也不多，不必大惊小怪。当然综合性和有关重大问题进展的报告是例外。

以上就是我所经历的国家逐步恢复对外交流的阶段，1976 年打倒“四人帮”是一个转折点。没有这个阶段，我们不可能跟国际数学界接轨。要向国际靠拢，我们要了解前沿发展的情况，而且当时的情况是，国外学者来做报告还需要翻译，我记得数学所请的是戴新生，他从中国台湾到加拿大，从加拿大回国工作，他是当时担任翻译的主力，做出了贡献。现在外国人来做报告，一般不需要翻译都能听得懂了，但是我们中间需要这个过渡的阶段，所以我觉得这个阶段——70 年代后期到 80 年代中期——还是比较重要的，大家都称这一时期为“科学的春天”，这也是我们国家国际学术交流的春天。

问：您自己在这个阶段的情况如何？

李文林：我自己是这样的。一开始是参加了陈省身先生的报告会，因为我最初也想努力追赶偏微分方程的发展，想在偏微方面发展。但是我个人的性格是不会很激进地马上跟着形势做事情，故一开始没有很强烈地要出去，清华那次外语考试我也没去。当时方程室主任是吴新谋，他是 Hadamard 的学生，国内偏微分方程奠基人，虽然他年龄比我大很多，但是因为“文化大革命”的好多因素，我们的私人关系是很好的。他看我身边的人都要出国了，就跟我谈出国的事情。事实上，当时方程室的支部书记陈敦栋也跟我说过这事，陈说我们有几个人本来是“文革”前就安排好要跟西方交流。我在大学学的是偏微分方程的 Leray 理论，如果不搞“文化大革命”，计划派到法国去学习。支部书记和吴新谋都跟我说过这个事，等到吴新谋再跟我谈的时候，我就开始认真考虑了，这是一个很重要的选择，结果我跟别的人不一样。我考虑我这么多年没有接触微分方程，于是就想：数学史在国际数学家大会分科中就有一个组，是国际上认可的一个学科，而这个学科在我们国内基本上是空白，尤其是世界数学史，中国数学史还有几位老先生在搞，世界数学史几乎没有人做，虽然辽宁师大的梁宗巨先生从国外回来，在这方面做了不少工作，但总的来讲，基本上是一个空白。因此，我当时就考虑，我要是出去，到底去找谁，回来以后将更多的力量放在什么方面。我当时的思维有点不符合一般的想法，本来搞方程的康庄大道就在面前，但我还是想去做数学史。最终我考虑成熟过后就找吴先生谈了一次，提出我想在国外进修的时候，重点放在了解国际数学史。结果我没想到吴先生很开放，几天后他找我说：“好啊，我们国家还没有这方面的人才，如果你要去学这方面的话我个人是支持的。”我原来还担心，如果方程室的主任不支持我去国外进修数学史，那我根本走不了，而且如果我按照微分方程这个路走其实是稳稳当当的，而且出国也比较方便。

既然吴先生表示支持这个事情，于是我就开始跟英国的李约瑟（Joseph Needham）联系了，他搞过中国数学史，也是著名的科学史家，我想找他帮忙，就给他写了信，他很快就回了，他说他中间搞过中国数学史，是跟王铃先生合作，现在重点放在医学、生物学上。他说欢迎我来，并可以专门将我推荐到剑桥科学哲学与科学史系（那里有一个研究 Newton 的专家叫 T. Whiteside），同时我还可以在他那儿，也就是双重身份。李约瑟给他们当时的系主任 Mary Heath 教授写了一封信，主任很快就给我寄来了邀请信，我拿了邀请信以后就很顺利，因为有李约瑟的帮助。吴新谋先生知道后很高兴，他说李约瑟都那么支持，机会难得啊。当时科学院派学生出国是通过教育部的，给我联系好了一个教育部在北大办的英语班（分了好多个班，每个班十五六个人），学习两个月，由外籍老师来教，两个月后考试，我所在的班最高分是 61.5，我得了 60.5，就我们两个是过 60 分的。所以我也比较顺利地通过了外语考试。其实是我感觉我的外语能力不会有问题，因为我在大学时，不论是俄语还是英语，基本上都是不错的。

问：是不是“文革”的时候悄悄地在学习？

李文林：没有，我没有那样的先见之明。因为“文化大革命”时我总以为将来可能去搞一些联系实际的东西，也不知道搞理论有没有出路。我还是跟大家一起走过来的。到了准备要出国时我才开始抓外语，到外文书店买了英语的灵格风唱片，那个时候连磁带也没有，我还得买个唱机，还是花了一些本钱的，因为单是唱机就几十块，我一个月的工资才 56 块。我在大学里学过一年的第二外语，英语的发音、语法都有一点底子。因此外语我倒是不太担心，后来我参加考试的确也是班上仅有的两个及格者之一。不过后来教育部就把标准降低了，45 分就可以出国了。

问：是不是因为原来要求高的时候考不过的人太多?

李文林：太多了。我们班十六个人只有两个人过 60 分，而且我们过了的才只有 60 多分。

问：不过的那些人就没有机会了？

李文林：开始是这样，不过后来分数线降低了。我们毕竟还是学科学不是学外语的，所以我觉得降分还是有合理之处。但现在这个不成问题了，当时是特殊的历史条件。

问：那个时候已经有英语外教了？

李文林：对，是北大培训中心请的外教，我们班上那两个外教都是美国人。我记得当时我给剑桥科学史系主任的信是请班上的外教帮我改的，但给李约瑟的信是我自己写的，因为系主任后来跟我联系，要我给她寄好多材料，我没有把握，就请我们班的老师帮我修改，她很热情，修改得比较好。我到了英国后，跟他们交谈的时候，口语就成问题了，虽然考试我可以考得比较好，可是在国内很少跟外国人讲几句话，开始听和说都有困难。在剑桥的英语环境中磨了一段时间，口语才逐渐过关。

我在英国待了两年，每周有部分时间在系里面，他们给了我一个办公室。同时，我每个礼拜也去李约瑟那儿，等于是两边跑。李约瑟那边当时叫东亚科学史图书馆，现在叫李约瑟研究所。我想我是跟随李约瑟，或者是到剑桥，甚至是改革开放后出国学数学史的第一个人。我觉得李约瑟对中国很友好，也是很真诚地帮助我们的。我去了以后，他很关心，我写了文章，他帮我改英语。我记得特别清楚的是，有一次我的文章标题里面有个地方加了个冠词 the，他说这个 the 不能要，这个很多中国人是弄不清楚的，直到现在我也不敢说对冠词掌握得很准了，那时他真是一句话一句话地帮我改。

问：国内能够跟李约瑟有这样交流的人估计很少。

李文林：当时很少，但李约瑟是 1995 年才去世的，后来去他那儿访问的中国学者应该不少。

问：他是终身都在工作吧?

李文林：是的。他是皇家学会会员，生化方面的，但他写了一部多卷本的巨著 *Science and Civilization in China*（中译名《中国科学技术史》），可以说在相当程度上改变了西方世界对中国古代科技文化的看法。里面有一卷讲天文和数学，数学占了一大半，所以他了解的比较多，我去英国后每周都要到他那里去。

他有一个中国女助手叫鲁桂珍，关于他俩的关系有一些传闻。鲁的父亲是医生，是搞医学的，李约瑟自己说他之所以从搞生化转到中国科学史，是鲁桂珍和他的家庭对他的影响很大。后来鲁桂珍就一直作为他的助手，做中国科学史的东西。因为工作上的原因，李约瑟跟鲁桂珍感情很好。李约瑟的夫人多萝西，娘家姓莫伊尔（Dorothy Moyle），中文名李大斐，也是皇家学会会员，典型的英国女士，很有风度。她比李约瑟还要大一点，先去世了，她去世以后，李约瑟跟鲁桂珍才正式结婚。

问：那就是说以前的传闻是真的。

李文林：感情肯定是比较好的，这很自然。李约瑟跟他夫人也一直很好，三人相处融洽，这是很罕见的。李约瑟跟鲁桂珍结婚时已经 89 岁，我这里珍藏着他们的结婚纪念照，是李约瑟研究所的同事罗宾逊先生给我寄来的。照片中鲁桂珍穿着旗袍，身后红烛高照，显现出中国情调，苍老之美。婚礼虽然是个形式，但是很必要：婚后不到两年，鲁桂珍就去世了。

李约瑟在李文林（左）剑桥寓所，右坐者沈信耀（1982 年）

虽然李约瑟名声很大，但他很平易近人，对中国人很好。我去剑桥，他帮了这么大忙，我想应该感谢他，想请他吃顿饭。但当时中国人都比较穷，我们在国外生活费一个月只有 160 英镑，我租房子要花 50 英镑，还要吃饭，其他所有费用都在里头了。剩下的钱还想买冰箱、洗衣机，所谓“八大件”。当时钱不多，也不让带回来，最多只能带 200 英镑，超过就要上交。尽管生活比较清苦，可是比起国内已经很舒服了，因为那时国内的物质条件还很不好，肉、糖、食油都是要定量供应的，而在英国，物质是很丰富的，所以在英国吃饭肯定比在国内吃得好，住也比国内住得好。我们住的房子是一个巴基斯坦人的，他找到工作去瑞士了，剑桥的房子空了出来，一共两个房间一个客厅，他连

李约瑟与鲁桂珍结婚纪念照（1989 年）

客厅也当一个房间，分别租给我们三个中国人，每人一间房。那个房子的条件很好，独栋花园小楼，厨房等设施齐全。当时中国留学人员都是自己买东西来自己做饭，很难得在外面吃。我要请李约瑟，若到中国餐馆去，那是请不起的。因此我就决定在我住的地方，自己做，同屋的中国人还可以一起帮忙。我想我做饭还可以，从小在母亲那里学到了一点手艺。问题是没有把握他是不是能来。于是有一天我就到鲁桂珍的办公室，说我想请她跟李约瑟夫妇一起来吃个饭，她说应该可以，正好我们说话的时候，李约瑟来了，走到鲁桂珍的办公桌旁，鲁桂珍就抓住机会对他说："请你吃饭，吃中国饭，去不去？"

问：李约瑟是不是也能听懂中文。

李文林：能听懂。鲁桂珍当时就跟他讲中文，他听了以后，没有犹豫，用中文回答道："去！"就这样答应了。于是我就在我住的地方接待了李约瑟，当时张素诚的学生沈信耀也在剑桥，我们是邻居，他住在楼上，我住在楼下，他帮我一起做饭。那是一个难忘的夜晚，李约瑟和他夫人、鲁桂珍，还有李约瑟的几个助手都来了，我们几个中国访问学者租住的小楼里，宾客满座，欢声笑语。记得我做了一道甜食"苹果豆沙球"，上菜时没报菜名，李约瑟先尝，咬了一口用中文说："啊，豆沙！"大家都高兴地笑了。

回到专业方面，刚才说过了，我出国没有选偏微，而是选了数学史，但说实在的，当时我登上飞机时，心里是没有底的，我出去学数学史回国后究竟能做什么？数学史在中国将来能不能发展起来？我都是很茫然的，虽然有一些想法，但还是没有把握。我出去当然要尽可能了解情况，除了数学史，他们的科学哲学等我都学，还是学了不少东西，回来之后，当然就做我自己该做的事。现在回过头来看，我们国家研究数学史的原来就那么几个人，现在应该是有一支队伍了。中国数学会最早设立了四个分会，数学史分会是其中之一，目前会员已达 300 余人。现在我国大学里数学史的博士点有两个，硕士点还有好几个。我想专门搞数学史的能有上百人了吧，应该说不错了，就是在国际上也是一支队伍。当然这个数学史队伍的工作情况也还面临困难，尤其是在学校里面，所以我刚说我比较幸运是因为数学所有这样一个宽松的环境。如前面所述，没有这样自由宽松的环境，我根本不可能出国去进修数学史。所里的几位著名的数学家，吴文俊、王元、杨乐，对数学史都比较重视和支持，吴文俊、王元还亲自研究数学史。为什么我说我当初出去时比较迷茫呢，我走以前有一些老同事，出于关心曾对我说过这样的话，“康庄大道放着你不走，非得走独木桥。”意思是说让我去学偏微，而我却非去弄数学史，数学史是独木桥，很难走。这话给我印象很深，也使我很感动。但我一直相信鲁迅的话：“世上本没有路，走的人多了，也便成了路。”开拓、建设一个领域当然比走既成的路会有更多的艰难阻隔，但对我来说，做好了也更有意义。回顾回国以后，通过大家多年努力，国内数学史发展到我们现在这个状况，这其中也有自己的一份辛劳，内心还是感到很宽慰。当然我们也还面临很多困难，主要是对数学史学科的认识与认同，研究条件方面也有待改善。现在国家基金很多，但是搞数学史的获得基金还是相当困难。在国家自然科学基金里，数学史的项目没有独立的评审，而是放在数论、代数里面。

问：数学史的专项基金是放在数论、代数里面？

李文林：这个状况不太合理，跟国际也不接轨，国际数学家大会分组里就有独立的数学史学科，但目前状况就是这样子，我也改变不了，结果数学史学科拿到基金的概率就比一般的学科要小得多。但我们就在这样的状况下，在国际数学史组织里任重要职务的就有好几个人。我本人是在 2002 年上海召开的国际数学联盟（IMU）成员国大会上当选为 IMU 国际数学史委员会代表（IMU Representative to ICHM），在那一届这个职务也叫 Member in Large，相当于常务理事吧。我们还有当选 ICHM 执行委员的，先后已有两位：刘钝和曲安京，刘钝是自然科学史研究所的，做过所长。曲安京是我在西北大学的学生。最近听说内蒙古师范大学的郭世荣（也是我的学生）将被提名为下一届 ICHM 执委候选人（已于 2015 年 11 月正式当选），这样就有三位了。我们还有在国际数学家大会上做数学史 45 分钟邀请报告的，迄今已有三位，第一位是吴文俊先生（1986 年，伯克利），他作为数学家名声比较大，第二位是曲安京（2002 年，北京），第三位是自然科学史研究所的韩琦（2014 年，首尔）。我想在专业学科里，达到这样的国际地位应该是不简单了。应该说，我们这个队伍为国家做出了贡献，尽管有些困难，但我觉得我们肯定还会继续发展。

问：在自然科学史研究所里，是不是大部分老师在做科学技术史，只把其中一部分精力放到数学史？

李文林：他们专门有个数学史研究室，这是李俨、钱宝琮两位先生打下的基础，应该说有很优良的传统。不过他们的重点在中国古典数学。正如我刚讲的，我之所以要出去是想做世界数学史，要开阔眼界。但我觉得要搞世界数学史，对中国数学史也必须有深入的了解，总不能在中国数学史方面说不上话，因此我也发过几篇中国数学史的文章，关于不定方程的，提出了一些看法，现在还时有引用。

问：好像我们国家在科学史方面是有欠缺，科学院院士里面没有做科学史的人。

李文林：兼搞科学史的院士还是有好几位。专攻科学史的院士很少，据我所知原来有两位，现在都去世了，一位是席泽宗，研究天文史的，还有一位是袁翰青，搞化学史的。

问：李约瑟是英国皇家学会科学史方面的会员吗？

李文林：李约瑟获得皇家学会会员不是因为科学史方面的成就，而是因为他对生化科学的贡献。他早先已经是皇家学会会员，后来才转过来搞科学史。

但是时代不一样，现在国际上大多数国家都有搞数学史的专业队伍。而我们国家数学史的状况是怎样的呢？我跟我的学生说，一方面我们有很多困难，但另一方面，在国际上来讲，我们中国搞数学史的状况也不能说很差，全世界能够形成一个数学史学会的国家为数不多。我们现在有一个学会，并且我刚刚说了，一开始数学会分四个分会的时候，我们就是一个分会。这当然跟我们数学界的几位老先生对数学史的支持有关系，我本人也做过努力。我觉得老一辈的数学家有眼光，也有肚量，对数学史有他们自己的看法。比如陈省身先生，他曾给我数学史的书题了字，他说“历史是理解一门科学的途径”，当然不是唯一途径，是一个途径，我想他这样说是很中肯的。他本人就对历史很重视，改革开放一开始他来国内做报告就曾提到中国应该发展数学史，他说这是中国能够做得比较好的学科之一。我的《数学史概论》出版以后，尽管我原来跟陈先生并没有太多交往，但我很冒昧地给他寄了一本，很快就收到他的回音，他不是给我写信，是先给我打电话，他不知道从哪儿知道了我家里的电话，打到我家里。后来又专门写了一封信，说：“大作收到，深佩。”同时他指出这本书的缺点，说书后面没有索引。因为出第一版时，出版社为了赶时间，没有来得及做索引。陈先生说没有索引就不能算一本完善的学术著作，他让我一定要补上。还有，第一版的书名叫《数学史教程》，我一开始本来想叫《数学史概论》，但是高等教育出版社还是希望叫“教程”，所以我当时就没有坚持。但陈先生说，我的书一般的人都可以看，叫教程不太合适。既然陈先生这么说，我就去跟高等教育出版社商量，高等教育出版社的同志最后同意改回来就叫《数学史概论》。第二版出版时陈先生就给我题词了，第一版出版时我并没有找任何人。第一版的时候，我的书是光的，就是说除了我自己写了一个前言，我没有“包装”，我对这本书是不是能受读者欢迎也不知道，找人来写序或题词，有拉大旗作虎皮之嫌。此书第一版出来后，印了七次，我对这本书有把握了，才去找陈先生，他给我打电话叫我到他住处去聊聊。结果我去了一次，正好是“9・11”事件发生的第二天。我在第三版的序里面写了这个事情。那天早晨我到天津火车站，听到卖报的人在大声喊：出大事啦，白宫遭炸。实际上白宫没有被炸，但那个卖报纸的人就这样喊。当时我也不清楚，赶紧买了份报纸看了才知道怎么回事。到了陈先生住的地方——宁园，秘书开门叫我进去，他叫我等一等，说陈先生正在跟他女儿通话，他打完电话，我们就在一起聊数学历史和一些看法，一直聊到了中午，陈先生就留我吃饭。他招待客人大概都在家里，菜是从外面买来的，他还请来了其他几位南开的老师，有搞代数的孟道骥教授等，大家谈论的中心自然是“9・11”事件了。总的感觉是，陈先生对数学史很重视。吴文俊先生对数学史也很重视，并且亲自在搞数学史了，当然吴先生搞数学史的目的不是数学史本身，而是为他的数学机械化研究服务的。

问：吴先生对数学史的研究是个比较高的境界了，能够做到古为今用。

李文林：对啊，吴先生的数学史研究确是古为今用的典范。他后来倡导沿丝绸之路的数学交流的研究，则具有很深的史学价值。我把搞数学史分成三种：第一种是为历史而历史，这是专门搞数学史的人要为历史去弄清一些事情；第二种是为数学而历史，为现实的数学研究去做；第三种是为教育而历史，在教学中运用数学史。

问：我想丘先生最近做的事情就是第三类，他做了一些中国跟印度、中国跟日本的数学历史比较。

李文林：丘先生是数学大师重视并亲自研究数学史的又一典范。丘先生对数学史有很深的了解，他做中国跟日本、印度数学发展的历史比较，不仅掌握了丰富厚实的史料，而且有很高的观点和独到的视角。我想这些研究在上述三个方面都有意义，一方面揭示了中、印、日数学发展的历史真相，另一方面也为发展我们国家的现实数学研究和改进数学教育提供了历史启示与借鉴。因此我想数学大师和真正能够做出成就来的数学家，必然对数学史比较重视，就像国外的，Hilbert，如果没有对几何历史透彻了解是不可能完成他的几何基础的著作的，另外他提出了二十三个问题，是因为对整个 19 世纪数学的发展了如指掌。再有一个例子就是 F. Klein——Hilbert 的同事和前辈，Klein 晚年就亲自撰写了《数学在 19 世纪的发展》，已经翻译成中文（在丘先生主编的翻译丛书里，由高等教育出版社出版）。这种例子在国外很多啦。

当然不是说每一个数学家都要自己去做数学史。数学史对数学的发展的作用，如刚刚说的，一个是揭示历史的本来面目，一个是为现实数学研究提供启示，还有一个是为教育服务，都有很深刻的意义。所以国际数学联盟就给了数学史一个位置。作为一个独立的学科，虽说有大小，但它有它的位置就行了。我们不可能要求每一个年轻的数学家都重视数学史。但是我想中国这么大一个国家，必须要有人做数学的历史，相关部门应该给予进一步的重视。就是说无论从基金、项目都应该要有一定的基本的保障。

问：现在的高校，数学史研究这一块感觉是退化的。像以前的杭大，后来合并了以后，浙大就没有这个点了。

李文林：对，高校原来有几个硕士点。杭大原来是沈康身先生在做，辽宁师大是梁宗巨先生在做，沈、梁先生去世后，整个学校对这个学科不重视，使学科发展受到限制，杭大的点干脆没了。不过有博士点的单位日子还是好过一些。

问：李老师，有一个问题，就是从汉语语言上来说，从以前叫“算学”到后来叫“数学”，这是从什么时候开始的。

李文林：这个比较复杂。历史上早先是把数学叫算术，中国古代最重要的数学经典就叫《九章算术》。宋元时期，出现“算学”跟“数学”并用的情况。比如秦九韶的著作叫《数书九章》，它里面就称数学为“数学”。但是朱世杰写的书《算学启蒙》，用的又是“算学”。当然数学有另一种理解，是跟算卦联系在一起，尤其是在朱熹他们的理学著作中。但一部分数学家（如上面说到的秦九韶）确实是把数学跟算学——就是西方说的 Mathematics——联系在一起的。一直到了清代，“算学”跟“数学”也是并用，就是这两个说法都有。民国的时候，国民政府的教育部就觉得这个事情有点乱，比如说北大叫数学系，清华叫算学系。当时做了个统计，全国大概是一半一半，一半叫算学系，一半叫数学系，国民政府的教育部就想统一这个事情。当时进行了投票，投票结果是赞成叫“数学”的就多了一票还是两票，最后就定成数学了，就是说从 1935—1936 年开始，以后就统一叫数学。我曾在《中国科技术语》上发过一篇文章，介绍了这件事情。

问：这两个词从字面理解，我觉得“算学”这个词似乎更接近应用数学，因为要算嘛。但是“数学”给人感觉是数的科学，强调研究的对象。

李文林：咬文嚼字的话，这两个词都不完全贴切。数与形，“形”的概念就没有嘛，为什么不叫形学呢。清代的时候有许多人就把几何叫“形学”，也是有点乱，但基本上是两种说法。

我们还是回到关于交流的主题，我只是讲一般情况。我觉得印象较深的就是刚开放的时候，我们请国外的数学家来做报告，大家听报告的那种热情。从 1966 年到 1972 年，我们跟外界隔绝了六年，有很多国外的东西都不知道，很多基本的东西我们都要补。举个例子，1972 年陈先生回来做微分几何方面的报告。在他来之前近一年，我们就开始做准备了。我记得当时数学所为了准备接待陈先生讲学，还办了一个讲习班，请张素诚先生来讲微分几何，每人发一本讲义，先看讲义，然后听张素诚讲，大概讲了两三个月。就在原来数学所老楼 405 室，我每堂都去听。当时还发了听课证，不光数学所的人去听，所外的人，北京的还有京外的不少人也都来听，就是为了听陈先生的讲学做了很长时间的准备。

陈先生回来以后，他在数学所做报告，穿着中山装，这个报告是开放的，来听报告的不光是数学所的人，你们看我前面提到的那张照片，报告由吴文俊先生主持，看看坐在头排的就知道当时的盛况：谷照豪，程民德，⋯⋯ 后面还有不少人都是数学界的重量级人物，这都不是数学所的人。1973 年，美国数学家 Spencer 来访，也由数学所接待，也是全北京的数学家都参与。

Spencer 访问数学所（1973 年）

再来看丘先生第一次回来讲学的照片，当时是 1979 年，他还没有拿到菲尔兹奖，丘先生是 1982 年得的奖，实际上是 1983 年颁发，因为 1982 年华沙动乱，当年的国际数学家大会推到下一年才开。不过之前丘先生已在 1978 年赫尔辛基国际数学家大会上做过一小时邀请报告。当时他很年轻，满头黑发。我想当时的场面还是很热烈的。当时著名的华人科学家回国访问，几乎都受到高层领导的接见。他们的访问起了很大作用。由于这样一个过程，我们才有后面的发展，这个影响是比较深的。

还有一个重要的事情是在 1976 年，因为中国和外国隔绝时间比较长，美国派了一个代表团，叫“纯粹与应用数学访华代表团”，来访问我们中国数学界。对于这个访问团的接待工作，虽然我当时只是小兵，但也参加了他们的报告、座谈。这个代表团一共 11 个人，S. Maclane 做团长，还有 E. Brown、G. Carrier、W. Feit、J. Keller、V. Klee、J. Kohn、C. Leban、H. Pollak 和

杨乐主持的丘成桐首次访问数学所讲演（1979 年）

丘成桐首次访问数学所讲演（1979 年）

伍鸿熙，还有一位秘书叫 A. Fitzgerald 女士。

他们到数学所后，我们先是开一个欢迎会总的介绍一下，然后开始分组，就是分专业，我们的科研人员给他们做报告，让他们了解我们国家的数学家做了些什么事，全国一共是做了六十多场，我记得，我们科学院是数学所和大气所做报告，大气所在数值天气预报方面有研究，是应用数学方面的。此外，他们还访问了北大、清华、复旦、华东师大、哈工大、黑龙江大学；他们到东北去，还去了一下大庆。

他们回去以后，写了一本书，书名是 *Pure and Applied Mathematics in the People's Republic of China*，对中国的数学状况做了一个报道和评估。前

丘成桐首次访问数学所与吴文俊、张广厚等交谈（1979 年）

言里面讲了一些话，总的意思是经过考察，他们觉得中国在哥德巴赫猜想和 Nevanlinna 理论方面有突出的工作。哥德巴赫猜想就是陈景润做的工作，Nevanlinna 理论是杨乐和张广厚做的工作。当时陈景润、杨乐、张广厚做完报告后他们都是站起来鼓掌的，之前他们根本不知道中国到底做了什么事，一听才知道原来还有这么好的研究成果。接下来说到代数拓扑，这个是吴文俊的工作。他们还提到排队论，我估计是越民义等做的，他们评价说达到了这一领域的前沿。然后还有应用数学方面，独立发明了有限元，当时是冯康做了报告。最后他们特别讲了一下，考虑到这些工作是在孤立状态下做出的，所以就更加令人感动了。因此，当时他们考察我们中国在过去十年所做出的成就，一方面他们让我们知道这十年国际上发生的事情，学术的前沿，另一方面他们也让世界知道中国人在这十年当中还是有人在做数学，在做怎样的工作，这起到了很好的沟通作用，所以对于美国代表团访问我印象很深。

美国纯粹与应用数学访华代表团（1976 年）考察报告

考察报告前言首页

当时代表团住在北京饭店，这对我们来说肯定是高级的场所，是不能轻易去的。他们在北京饭店举行了一次座谈会，外地的人也有来参加的，好像有青岛海洋研究所的人。他们用这个座谈会接触了很多人，当时我还做了记录，但一时找不到了。

问：这个记录还能不能找到。

李文林：因为我搞数学馆，翻查了很多资料，但是没找到这个记录，应该有记录，因为数学所去的人不少。好在还有上面说的那本书。

问：当初最多的交流还是和美国的交流啊？

李文林：1949 年以后，跟美国和欧洲的交流都基本停滞了，我们主要的交流是和苏联。我觉得和苏联交往对我们来说绝对是有益的，而且当时苏联的数学在世界上不算第一也是并列第一，不会比美国差，尤其是五六十年代。美国是第二次世界大战以后才赶上来的，原子弹是美国人领先，后来苏联在人造卫星技术方面赶上去了。美国人很精明，也派了一个代表团，去考察为什么苏联的卫星能够放上去，他们考察以后得出结论说，这在很大程度上归功于苏联数学的发展。代表团也发表过考察报告，是一本书：*Recent Soviet Contributions to Mathematics* (1962)，主编是 S. Lefschetz 和 J. Lasalle，我看过这本书。但是我们跟苏联的交往在 60 年代初由于中苏关系恶化而中断了，所以我们在“文化大革命”前的一段时期与西方国家和苏联都处于隔绝的状态。在“文革”前夕，我们国家领导人开始意识到这个问题，已经开始考虑和西方——最初还不是美国——接触交流。因为英国、法国都是最先承认新中国的西方发达大国，所以很自然地，我们先考虑欧洲。事实上，从科学院的档案资料可以知道，1965 年前后科学院已经开始组织派遣访问学者和留学生去欧洲，主要是法国和英国。具体计划和名单已经有了，但因为“文化大革命”开始了，这个事情就停下来了，一直到 1972 年以后，如前面已说才重新开始向西欧国家派留学生。后来随着中美关系破冰和建交，美国的大门打开了，结果我们很多人就到他们那里去了。从科学院的情况看，改革开放以后去美国的人数最多，同与欧、日的交流一起，形成了中国现代史上规模最大的留学潮。

问：昨天元老也提到了，他可能一直有这样一个观点，就是改革开放以后，国际交流到底对我们的数学产生多大的成果？比如当初我们闭关锁国，也有几个代表性的成果，到现在看来也是很好的。改革开放以后，反而从 80 年代中期到现在，似乎我们这一代人里面没有产生值得炫耀的、特别好的东西。

李文林：我和元老聊天时，也谈论过这个问题。我觉得可以这么看，改革开放后，我们的整体水平是提高了，但整体水平总是要产生顶尖的成果，这一点我们现在还没能看出来。过去我们刚改革开放，好多东西都不明白。现在相对来讲年轻人和外面交往很容易，都可以直截了当地面对面谈，这应该是一个进步，是改革开放的效果。至于为什么不出顶尖的成果和大师，这是一个复杂的问题，连钱学森都在问这个问题。丘先生在关于 19 世纪以来中、日两国数学发展轨迹的比较研究中，探讨中国现代数学落后于日本的原因，事实上也提出了类似的问题，可谓“大师所见略同”。我觉得这和改革开放本身没有关系，看你怎么理解改革开放，如果单纯讲交流，我觉得交流越多，只能说是正面的影响越大，负面影响主要是软环境的一些问题造成的，就是你提到的那些浮躁的、急功近利的东西，追求 SCI 文章之类的考核制度导致大家都在做小的文章，不愿意碰大的、硬的问题，而对于历史的发展，很多年轻人不屑追溯，对数学的发展没有很好的整体认识。我觉得现在不出大师跟我们的软环境有很大关系。

问：一个是急功近利的问题；还有一个是，我们怎么统计开放以后取得的成果。如果我们只算本土人的成果，可能也不太合理。因为我们开放以后最好的一批人出国去了，而且有些人不回来了。这些人的成果是不是也要算到开放以后的成果里去。

李文林：我刚才说了，我们这一批出去的人，绝大部分都是回来的，但到后来很多出去念学位的，这一批绝大部分是不回来的，现在国内的物质条件不能算太差，就拿办公室环境来说，我看哈佛大学的教授也就是一个朴实的房间。但当时的物质条件还是比较差，很多人选择留在国外。其次，当时国内的整个学术环境也不是很好，我们的软环境和导向影响了这个。确实，我们改革开放后出去的很多优秀的人才现在都不在国内。但是，比如我们举个例子，张益唐，他是改革开放后出去的，他留在国外物质条件也并不好，毕业后没有找到终身的职业，但他能够待下去，要是在国内就待不下去了，没有 SCI 文章嘛。我总喜欢提“1930 现象”，就是说 20 世纪 30 年代国内各个领域出了不少人才，数学方面只举两个名字就够了：华罗庚和陈省身。那么华罗庚是怎么出道的呢？如果放在今天，华罗庚是不可能有的，因为他没有任何学位，到数学所来我们会要他吗？就是说我们的环境缺乏好的机制，30 年代的现象，我们现在不能重复。现在整天评 SCI 的文章数量，干什么都要学位，不仅要学位，还要查三代，本科在哪念的，硕士学位在哪拿的。这作为一般的方针政策我不去评议，现在科研管理部门决策的人都是高学历的，他们会说：你总得有个量化的评价方法吧。但是，无论如何，我们的培养方式和管理制度至今没有产生大师级的人才，这可以说已是不争的事实并正引起广泛的关注与反思。

回到元老说的问题上来，我的看法是，整体上是提高了，另外还要考虑国外的一部分人。国外的一部分人是我们改革开放后出去的，没回来，留在国外工作，他们早先是在国内受的教育。但是总的来讲，确实存在元老提的问题，因为改革开放不是一年两年了，即使从 20 世纪 80 年代算起，到现在也有 30 多年了，“江山代有人才出”，那么为什么到现在，也没有产生像丘成桐这样的人才，这是一个问题，我想除了培养方法，很重要的是软环境的问题。我记得我们那时候中学毕业，老师来问我们以后想做什么，我当时回答我想做科学家，有的同学说想当工程师，有的人干脆就说想当老师，还有的想当医生。现在去问一个高中生，他的回答大概是想考某名牌大学，这已经很好了，有的会说想出国或者到一个合资公司。今天高考分数高的人大都去了金融之类的专业，这就是整个导向。我认为更多的问题在软环境，我们教育部门搞课标修订、教材改革，这些东西我觉得其实都是第二位的。我们的根本问题不在这个方面，而是在于我们的教育目标究竟是什么。我看网上对当前教育的批评，有的很尖锐，如武汉大学原校长刘道玉，他认为我们当前的教育问题很严重，全中国的教育就是被一个钱字给迷住了。仔细想一想，有道理。许多的事情实质上都围绕钱在转。我偶然看到一部热播的电视剧，剧主人公有这样一段自白：“我小时候家里很穷，…… 考上大学后，我发誓一定要好好学，将来挣很多很多的钱，实现我的梦想！”这是我们的媒体上颂扬的励志英雄的梦想。我们有的校长不也是以校友中出了多少亿万富翁为荣，并不因没有科学大师为羞嘛。我们的教育不能是这样的状况，最好的学生都奔最赚钱的专业而去。这样下去的效应还不是短期内能显示出来的！我们改革开放一开始的时候，最好的学生还是来学数理化的。1979 年，数学所第一批招研究生的时候，名额只有十九个人，但报考的人数是一千五百人，真正是百里挑一。马志明、丁伟岳都是那一批，他们比我们年轻十岁左右，丁伟岳稍大一点。90 年代再往后就不是这个样子了。现在趋之若鹜的专业是什么呢？第一个能举出来的是金融，还有别的能赚钱的学科。教育部长会不知道这个情况吗？那么教育的改革，首先应该抓根本，而不是仅仅抓课标、教材，而且翻来覆去，有些人甚至把以前的教育和教材说得一塌糊涂。以前的教育培养了什么样的人呢？教育好不好关键是看你培养了什么人，从这个意义上看，现在的教育倒真没有什么好吹的。

问：所以我觉得我们“文革”刚结束那阵子，有点代表性的那些成果，是不是跟苏联有点像。其实苏联的数学也是在相对封闭的状态发展，不过他们没有我们封闭得那么厉害。但是也没有像西方那样走动得勤快，他们的成果绝对是世界一流的。苏联解体以后出去过好几个，像 Gel’fand、Manin 等，都是世界一流的。

李文林：也不能说是封闭。苏联当时的人物都是什么莫斯科学派、列宁格勒学派，他们的基础都是法国出来的，他们有底子。而且一直到了苏联时代，像 Kolmogorov、Alexandrov 等都到西欧国家访问交流过，特别是跟哥廷根学派有很密切的联系，Kolmogorov 的《概率论基础》，第一版是德文而不是俄文的。他们还是有交流的，跟法国、跟美国交流。

问：但是他们交流没那么多。所以我的意思是交流肯定是必要的，但是这个交流要有一个度。就是说有两件事情，一件事情是交流，还有一件事情是静下心来琢磨自己重要的东西。

李文林：应该这么说吧，交流是必要的但不是充分的，真正意义上的数学交流，绝对是必要的、有益无害的，但是要出重大的成果不光要靠交流，还要有其他的因素。

问：对，自己还要踏踏实实做东西，我觉得我们是后一条的相反情况，浮躁体现在，比如说，一到了暑假，你们这儿院子到处都是活动，有名一点的学者来了，几乎每天都有一个邀请；然后今天在这儿做个报告，明天又到清华北大，一大圈下来几乎每天都做报告，几乎每天都是这样。

李文林：学术会议也是这样，我有一个法国同事，他说你不能想象一个人每年都参加几次重要的学术会议，每次都发表有重要创新的学术论文。每个重大的成果都是在一定的基础上提升的，都不可能没有基础，那么这就需要安静的环境、踏实的心态。很多人都需要把过去的人的东西好好整理，不是说你今天看了一篇文章，改改条件或补补漏洞。我想这样是出不来大的工作结果。我们现在讲究 SCI，很多人就在做这个事情。像目前这样的话，怎么出元老说的那种大成果。当时像陈景润，他还是要背一定的压力的。人家说他脱离实际，他也不管，一个人坚持搞了那么多年。他从 1960 年到 1965 年，起码 5 年的时间，加上“文革”期间，都在那间小屋子里面钻研。当时我们住的地方是 88 号楼，每一层有个供水的锅炉房，大概是六平方米，我们那一层的锅炉房没有安锅炉，是空着的。因为陈景润晚上工作，生活习惯跟人家不一样，所以大家基本上也不太愿意跟他住在一个房间，他也不太愿意跟别人住，所以后来不知道怎样就到这个锅炉房去了。他放了一张床和一张桌子，后来也装了一个灯。开始说没有灯，用蜡烛在里面做。

问：就是说他有一个独立环境，这比什么都重要。

李文林：当然这是特殊情况造成的，他是特殊时代的特殊人物。现在有的不在数学所的人写的文章有时有些夸张了，比如说把他赶到厕所里去住了。他的委屈是受了批判，但他能顶住，他能够找到这样一个地方，“躲进小楼成一统，管它冬夏与春秋”。我们从他这个例子就能看出来他的真正有冲击力的成果是怎么出来的。

问：那杨先生和张广厚呢？

李文林：从性格来讲，他们属于比较正常。

问：那他们又是怎么得到机会去做研究的呢？

李文林：“文革”时大家要天天开会，只能靠个人的安排。他们是“文革”

前的研究生，熊庆来先生也给他们指导过，因此他们在业务上有很好的基础。而他们最大的眼光就在于能在动乱的情况下坚持对科学的追求，我想他们是看到“文革”总不至于永远搞下去，知道自己的本职终究是研究数学。

问：也许他们出于对数学本身的喜欢。其实当初代数里也有这样一个人，你也应该知道，就是复旦的许永华。我们不将他的成果跟杨先生的比较，但我想应该也不错。“文革”的时候，别人在做别的事，他还是在做代数。所以“文革”刚结束，他就连续发表了好几篇都还不错的文章，那个时候就在代数研究里面特别突出。

李文林：这个就是要有一定的韧性，还要有一点远见。

问：但是也不排除他是很偶然的，就喜欢这个，或者有一种本能的东西。

李文林：总而言之改革开放本身作为交流来讲是不存在问题的，问题是后来的导向，人出去以后，人家不回来你怎么办。不像我们那个时候不回来就是叛逃。我记得我那个时候还做过剑桥大学中国留学生会主席，跟使馆教育处的联系比较多，感觉他们管理相当严格。后来出去的多了就控制不住了。当时邓小平说过一句话，出去一百个，回来一半就很不错。但是现在出去一百个，回来多少就很难说了。邓小平是从粗放的角度来说，很多措施没有跟上，再加上国内整体环境的问题，才造成了这种局面。当然看最近几年报道好像有回流的趋势。

问：不管怎么样，付出再大代价，这也是个巨大的进步。不这样做是不是也没有别的办法。

李文林：是的，我想概括地说，学术交流是科学文化发展的动脉，就像交通运输是国民经济的动脉一样。改革开放所带来的学术交流，可以说是史无前例的，对我国科学技术发展的影响必将是极其深远的。但交流不是终极目的。一个国家科学技术要自立于世界前列，需要在交流基础上的创新。

难忘的岁月

华罗庚在数学与政治的夹缝中

王扬宗

王扬宗，1964 年生，现为中国科学院大学人文学院教授，曾任中国科学院自然科学史研究所研究员。从事中国近现代科学社会史研究，近年来负责中国科学院院史的编撰和研究工作。

著名数学家华罗庚先生的一生，以 1950 年回国为界，呈现出前后半生鲜明的对比。其后半生的曲折艰难，很可能超乎一般人的想象。不过人们往往震于他的盛名和宣传塑造的高大形象，对他挣扎在数学与政治的夹缝中的后半生心路了解不足，也不大能认清在科学殿堂的重重帷幕后面，他的数学创造生涯不得不在其盛年早早结束的悲剧实质[1]，以及这个转变对于中科院乃至中国的数学学科的发展产生的不利影响。

人言可畏：从清华到中科院

很多人都知道是清华大学提携了华罗庚，他也长期在清华任教，可是他在清华并不愉快。据徐利治先生回忆，华罗庚与西南联大的一些老科学家关系很不融洽，相当孤立，在联大没有真正的朋友[2]。

抗战后期中央研究院开始筹备数学研究所时，华先生一度非常积极参与。1944 年 1 月 8 日，他写长函向中研院代院长朱家骅陈述他对建立数学所的一些看法，还同数学所筹备主任姜立夫教授交流过想法。华罗庚认为一个比较完备的数学研究所，应当包括纯粹数学、应用数学和计算数学三大部，而每

[1]Salaff 在 1972 年就注意到“文革”对华罗庚数学生涯的冲击，见 Stephen Salaff, A Biography of Hua Lo-keng, *Isis*, Vol. 63, No. 2 (Jun., 1972), pp. 142–183（此文的中译文见王元、杨德庄，《华罗庚的数学生涯》，第 222–270 页，科学出版社，2000），但华罗庚的学术转向发生在“文革”之前。

[2]袁向东、郭金海，《徐利治访谈录》，第 8 章，湖南教育出版社，2009。

部则包括若干重点领域[3]。但华罗庚对数学所筹备的一番好意，很快就引来了一些流言。他只好向朱家骅申明自己“今后恐只能不在研 [究] 所任职，以明心迹”[4]。1947 年 7 月中研院数学所正式成立时，姜立夫被任命为所长，其弟子陈省身为代理所长，当时旅美的华罗庚被聘为专任研究员。这是 1949 年以前华罗庚与数学所的一段前缘。

1949 年初，中研院数学所的图书资料迁到了台湾，所长姜立夫借故回到大陆，任岭南大学教授，陈省身则赴美，其他人也星散了。因此，当新成立的中国科学院重新组建数学研究所时，从人员到图书资料都需要重新物色。1950 年 1 月，院计划局副局长钱三强正式提出筹建数学所，旋即邀请姜立夫出任数学所筹备处主任。姜先生是中国数学界的元老，又是前中研院数学所的所长，邀请他出山符合当时机构整合用人的团结尊老政策。但是姜立夫原本就不愿意当中研院数学所的所长，这次虽经郭沫若、竺可桢再三邀请，还是坚持辞谢[5]。于是退而求其次，中科院聘请浙江大学教授苏步青出任数学所筹备处主任。

数学所开始筹备时，华罗庚还没有回国，不在最初拟议的筹备委员名单中。到了筹备组正式成立的 1950 年 6 月，华罗庚已经回国继续在清华大学任教，这时他被任命为四位筹备处副主任之一，排在周培源、江泽涵之后，许宝騄之前。苏步青出任筹备处主任后，先后主持召开了四次筹备会议，讨论了组建数学所的一系列问题，华罗庚除了有几个月出访东德和苏联不能出席，大都积极参与。他怀着推动中国数学独立的信念回国[6]，回国后自是国内数学第一人，因此对数学所所长也有当仁不让的信心。很快就有华罗庚想当所长的传言，尤其是从清华大学传出华罗庚胃口太大的风言风语。

1947 和 1948 年，清华大学两度邀请华罗庚出任数学系主任[7]。在 1948 年 12 月梅贻琦校长离校前，这个位置一直虚位以待华罗庚回校就任。清华解放后，华罗庚推荐的代理系主任段学复教授正式出任系主任。1950 年华罗庚

---

[3]华罗庚致朱家骅信，1944 年 1 月 8 日，台湾“中研院”近代史研究所藏朱家骅档案。这是一封很重要的信，信中说：“十八年来埋首于数学中几忘物我，在渝得一检讨反省之机会，因对数学之整个看法略有所见，”接着就阐述了他对数学的理解以及一个数学研究所应有的项目。对比此函与华罗庚 1944 年 3 月 7 日致陈立夫信（见袁向东，华罗庚致陈立夫的三封信，《中国科技史料》，1995 年第 1 期，第 60–67 页），可知致陈信中的一些重要内容如横贯纵通图、附录 2 等，均摘自 1 月 8 日致朱家骅信。华罗庚在此信中还明确说明这些想法均形成于在重庆参加中央训练团期间。

[4]华罗庚致朱家骅信，1944 年 3 月 24 日，台湾“中研院”近代史研究所藏朱家骅档案。

[5]参见：李文林，中国科学院数学研究所筹建二三事，丘成桐等主编“数学与人文”第十二辑《百年数学》，第 91–94 页，高等教育出版社，2014。

[6]参见《徐利治访谈录》，第 8 章。

[7]郭金海、袁向东，清华大学聘华罗庚为数学系主任始末，《中国科技史料》，2001 年第 4 期，第 368–375 页。

回国后，清华校务委员会副主任、教务长周培源教授等授意段学复不要辞让[8]。华罗庚感到在清华受到排挤，而中科院筹备数学所符合他发展中国数学的夙愿，因而更加积极建言献策，参与擘画。

中科院于 1950 年 6 月正式成立第一批研究所和研究所筹备处时，原则上尽量邀请各学科的老科学家出任，或留任原中研院和北平研究院的所长，同时聘请学术成就突出的中年科学家出任副所长，如近代物理所由吴有训任所长，钱三强任副所长，应用物理所由严济慈任所长，陆学善任副所长。按照这个模式，数学所所长应当是苏步青，而华罗庚将出任数学所副所长。据竺可桢日记，出自清华的钱三强起初其实“极不赞同”华罗庚出任所长[9]，应当也是受到了周培源等人的影响。

但在筹备数学所的过程中，钱三强等人逐步改变了看法。华罗庚与陈省身、许宝騄同为中国现代数学三杰，是当时享有很高国际声誉的中国数学家。当时陈省身人在美国，已谢绝中科院的回国邀请。许宝騄在北大任教，身体不佳，对于行政事务没有兴趣。在华罗庚回国后，由他出掌数学所应当是最合适的。这不但是因为他学术声望最高，而且还由于他对建立数学所早就有一套成熟的想法。而华罗庚的想法正好与中科院的建所原则一致，即基础与应用并重[10]。事实上数学所建立后，就是以这些想法为基础开展工作的。因此，在筹备数学所的过程中，钱三强、吴有训等都转而支持华罗庚出任所长，筹备委员许宝騄、陈建功、张宗燧等人后来也支持华罗庚。而清华大学的筹委周培源也乐观其成，希望华罗庚到科学院专任其事，离开清华。

在筹备委员多数达成一致意见后，院党组书记恽子强找了竺可桢副院长，请他出面让老部下苏步青“自让”[11]。本来苏步青很愿意赴京任职，至此只好知难而退。1950 年 12 月 23 日，他主持筹备处会议，正式推举华罗庚出任所长。过了一个月，科学院和政务院办完了任命手续。但华罗庚并没有马上离开清华。1951 至 1952 年，在思想改造运动中，华罗庚被作为重点对象受到了很不公正的批判。随后清华大学在院系调整中改为工科大学，数学系并入北大。1952 年 8 月起，华罗庚的工资关系转到科学院，才与和他恩怨纠缠的清华大学脱离了关系。

华罗庚出任中科院数学所所长，有他个人的意愿，但起决定作用的仍是中科院的领导人，包括恽子强、吴有训、钱三强等人。事实证明他们做出了

---

[8]《徐利治访谈录》，第 8 章。

[9]《竺可桢全集》，第 12 卷，第 235、240 页，上海科技教育出版社，2007。

[10]中国科学院一成立，就贯彻“理论联系实际”、为人民服务等方针，确定了发展科学，为国家的工农业建设服务的发展路线。1950 年组建第一批研究所时，虽然多是基础学科研究所，但十分重视应用研究。

[11]《竺可桢全集》，第 12 卷，第 235 页，上海科技教育出版社，2007。

正确的决策，华罗庚为数学所确定了合适的学术方向和很高的学术标准，使数学所从一开始就有了很高的起点。

然而华罗庚则从此背上了“胃口太大”的名声。在思想改造和三反运动中，清华大学和数学所甚至批判华罗庚是“政治上的骗子，学术上的商人”[12)]，意指华罗庚回国是政治投机，搞研究是为了个人名利。后来经过领导科学院思想改造运动的中宣部出面解释和安抚，他才得以过关。对此，华罗庚好些年都难以释怀，觉得批评者太看低他的思想境界了。而批评者，包括他的朋友段学复等人，则坚持认为华罗庚的思想深处的问题和立场问题并没有解决[13)]。从此华罗庚在一些人眼里被视为资产阶级个人主义和名利思想的典型代表人物。

学术转向：政治压力下的别无选择

华罗庚是一位入世的科学家。他一直抱有发展中国数学的雄心，这是他放弃美国的优越条件回国发展的根本原因。有了数学所这个用武之地，他的专长才得以尽展。短短的几年之间，他把数学所办成中国数学的最重要的研究中心，还培养出了一批杰出的青年数学家。1953 年上半年，数学所的科研人员有 32 人，其中 17 人后来当选为中科院学部委员或院士。成材率之高，可谓天下独步。1956 年，国家首次评选科学奖金，数学所获得了全部三个一等奖中的两项（华罗庚和吴文俊）。华罗庚的大名传遍了华夏大地。

然而好景不长。1957 年夏季开始的“反右”运动，改变了许多知识分子的命运，也是华罗庚后半生的一个重要转折点。作为民盟科学规划委员会的重要成员，华罗庚参与了曾昭抡教授主持起草的《对于有关我国科学体制问题的几点意见》。6 月 9 日，这个“意见”在《光明日报》发表，这已是反右运动箭在弦上之时，“意见”旋即被当作“反社会主义的科学纲领”，遭到严厉的批判。华罗庚不得不立即检讨。在 1957 年六七月间的 20 多天里，仅《人民日报》就发表了他的 2 篇检讨书和 1 篇联合发言检讨。中国科学院新创办的《风讯台》则发表了他在两次在科学院批判科学纲领座谈会上的检讨发言，并发表了关肇直和段学复在座谈会上对华罗庚的批评发言和发言摘要等。尽管

[12)] 李真真，何祚庥先生访谈录——在科学院与中宣部科学处之间，《院史资料与研究》，1993 年第 1 期，第 18 页。

[13)] 如在 1957 年 7 月中国科学院召开的在京科学家批判反社会主义科学纲领的座谈会上，关肇直旧事重提，批评华罗庚“思想深处有些问题还没有解决，特别是立场问题没有解决。把党的方针政策看作一种手段，这就是站在资产阶级立场来理解工人阶级的事业”，提出“希望华先生真正挖掘思想深处的不健康的东西，认真批判个人的功名利禄思想”，等等，引自“关肇直的发言”，《风讯台》1957 年 8 月 20 日第 6 版。在这个座谈会上，段学复批评“多年来，华先生对于‘三反’时给他提过意见的人一直耿耿在怀，多年不忘，甚至可以说，到昨天还没有忘……有一些思想上的毛病及其历史根源，望华先生今天好好检查，认真克服严重的资产阶级思想及个人名利要求”，见“段学复的发言摘要”，《风讯台》1957 年 9 月 7 日第 6 版。

最终没有被打成右派，但华罗庚实际上被视为漏网右派，沦为政治贱民。从此，数学所那些以正确路线代表自居的人，就盯上了华罗庚不放。一遇风吹草动，就要把华罗庚揪出来批判。华罗庚的政治处境一落千丈，从此他在数学所靠边站了，名为所长，并无实权，日子很不好过。

在大跃进之年的“拔白旗”运动中，华罗庚被当作数学所最大的白旗进行了公开批判。1958 年 9 月，新建的中国科学技术大学开学，华罗庚兼任了应用数学系主任，并亲自为该系一年级新生上课。尽管他被任命为中国科学技术大学的副校长，但华罗庚在数学所的日子却越来越难过。1963 年，他在数学所申请入党无望，就想辞去所长职务，离开数学所这个是非之地。最终院领导让他继续当挂名的所长，但同意他把人事关系转到了中科大。

“反右”以后，华罗庚逐步离开了他擅长的纯粹数学领域，而转向应用数学，并最终在 60 年代初转向了推广“双法”（统筹法和优选法）之路。这个转变的过程，王元院士的《华罗庚》一书有很详细的记述。关于华罗庚学术转向的原因，一些人有过一些好意的猜测，其实毫无疑问是日益严重的政治压力下的被迫之举。

早在 1946 年华罗庚与曾昭抡、吴大猷教授等一道赴美，就是受政府委派肩负有考察美国原子弹的任务，后来由于美国政府不支持，国民政府的原子弹计划化为了泡影。60 年代初，中科院投入一半以上的科研力量参与两弹一星的相关工作，数学所的党员数学家关肇直就承接了不少重要的任务。但华罗庚政治上不可靠，没有资格参与重要任务[14]。可想而知，此事对他刺激至深。

1946 年华罗庚曾对记者说：在中国，科学与政治无法分开，但中国科学家一定要努力将科学与政治分开，否则难有成就[15]。他期盼有朝一日政治清明后，用科学为国效力。1950 年回国后，华罗庚积极参加各种政治活动，但他一向反感外行领导内行，衷心期盼有安心的治学环境。华罗庚本来是搞纯粹数学的，却一再遭到“脱离实际”的指摘。1958 年后他转向了应用数学，却没有资格参与当时最重要的应用数学工作。于是他决定深入到人民群众中去，从此投身于在工农业生产实践中推广“双法”，足迹遍及祖国大地，达 20 年之久。两度申请入党被拒，以及 1964 年“四清”运动兴起之后越来越“左”的政治形势，当是华罗庚转向推广“双法”的直接原因。这一转向，迎合当时提倡的科学家走群众路线的方针政策，很快受到了毛泽东的嘉许，从而为华罗庚披上了保护色。

华罗庚的转向是极端政治形势下的选择。而一旦他走上这条当时政治正

---

[14] 据中科大的有关资料，钱三强在征得科大同意后给华罗庚安排过有关原子能的计算工作。数学所在“文革”前曾追查有人散布“苏联卫星上天是华罗庚替他们计算的”和我国原子弹爆炸也是华罗庚计算的谣言，矛头直指华罗庚，后经中科大党委出面澄清后才作罢。

[15]《赵浩生名人采访集》，第 60–62 页，新华出版社，2001。

确的道路，华罗庚就义无反顾，全身心投入，并能充分利用自己的聪明才智，把“双法”推广搞得风生水起，成为那个年代科学家深入实际、走群众路线的一个榜样。他的转向从一开始就得到了上至最高领袖的鼓励表扬，下到工人农民的衷心爱戴。尽管在“文革”中他一度遭受了严重的冲击，但毛主席的回信和周总理的指示最终保护他过关。他的爱国爱党、为人民服务的高大形象，掩盖了他被迫在盛年告别数学前沿的隐衷。那时候，华罗庚不过 50 多岁，但他作为一个数学家的创造生命却基本结束了。这是“左”的意识形态影响科学事业的一个典型事例。

申请入党：艰难的政治翻身仗

华罗庚从 1963 年正式申请入党，直至 1979 年得到批准，经历十分曲折。1979 年 6 月 13 日，中科院党组会议讨论并批准了著名数学家华罗庚的入党申请，同年 9 月 5 日，中组部批准了中科院党组关于华罗庚入党的请示报告。不久，远在英国讲学的华罗庚得知这一喜讯，心情分外激动，彻夜难眠，后来曾写下“五十年来心愿，三万里外佳音”的诗句。入党是华罗庚后半生的一件大事，不过局外人不易理解入党对于华罗庚的特殊重要意义。

正如王元先生指出，自从 1950 年回国，华罗庚就“下定决心把他的政治生命和中国共产党结合在一起了”。但从 1951 年思想改造运动开始，华罗庚在一些人眼里就成了问题人物。他曾加入国民党，并受到蒋介石的召见，在一些人看来这都是重大的“政治历史问题”。尽管上级党组织做了结论，认为华罗庚与国民党并没有特殊关系，还肯定华罗庚早在“一二・九”学生运动中就保护过进步学生，抗战后与地下党员有过接触，但数学所的一些积极分子却坚持认为华罗庚回国是“政治投机”。

1953 年张稼夫出任院党组书记，到数学所做工作要求党员干部尊重华罗庚并与华罗庚谈话之后，才解除了他的思想包袱。接下来的三四年是华罗庚回国后最舒心、最出成绩的一段时间。不过当时科学院的党组织对于发展高级知识分子入党有些犹豫，华罗庚没有机会提出入党申请。“反右”运动中，华罗庚一度被列入重点批判对象，尽管最后被保护没有公开批判，但实际上已被打入另册。

“大跃进”过后，中科院党组吸取教训，调整知识分子政策。1961 年，院党组和国家科委党组制订“科学十四条”，得到党中央的批准试行。“科学十四条”吸收了“几点意见”中的许多合理的建议，其中还提出了知识分子“初步红”的标准是“拥护党的领导，拥护社会主义，用自己的专门知识为社会主义服务”。在此前后，中科院陆续吸收了邓叔群、陈宗器、汪德昭等著名科学家入党。在这样的形势下，华罗庚于 1963 年正式提出入党申请。然而令华罗庚没有想到的是，数学所党组织和某些党员干部对他的入党动机做了毫无根据的诛心批驳，他积极要求入党却被严重地羞辱了一番。随后，华罗庚坚决要求离开数学所，于 1963 年底把人事关系转到了中国科学技术大学。

1964 年，华罗庚向中科大党委提出入党申请，中科大党委书记刘达同志非常重视，校党委研究认为华罗庚基本达到了入党的要求，但在征求数学所意见时，又遭到了该所党委的强烈反对，只得作罢。

1966 年夏“文革”一开始，华罗庚就成了数学所的主要批判对象。短短的一两个月，人们就给他贴出了 140 多篇（320 多张）大字报，大字报从数学所贴到了他的家门口。数学所党委要求院党委责令华罗庚停职检查，所里还印发了《打倒反党反社会主义的资产阶级反动大学阀华罗庚》等材料，追查华罗庚与“党内修正主义反党野心家”究竟有什么关系，等等。8 月 20 日，数学所开了华罗庚的一次批斗会，但次日就受到周恩来总理的关注[16]。而当年华罗庚应邀参加国庆观礼时，毛主席亲切地称他为“华罗庚同志”，使他信心倍增[17]。其实在一年前，毛主席给他回信时就称他为“同志”，肯定他“不为个人而为人民服务”。对照 1964 年毛主席给他的回信称他为“华罗庚先生”，这种变化实际上肯定华罗庚是无产阶级队伍的一员，给予华罗庚极大的鼓舞。1967 年，在“文革”如火如荼之时，华罗庚再次向中科大党组织提出入党申请，则不仅是一种立场的宣示，也有自我保护的含义。当时刘达已被打倒，校内十分混乱，这次申请自然没有结果。当年 11 月 30 日，数学所又召开了“揭露控诉走资派勾结华罗庚统治数学所罪行大会”[18]。此后的两三年时间，华罗庚被限制出门，困居北京[19]。

1970 年，在中科大搬到合肥之际，按照周总理的指示，华罗庚的人事关系从中科大转到了全国人大常委会，并重新出山继续推广“双法”，不久还组建了以华罗庚为首的普及“双法”小分队。1975 年下半年胡耀邦、李昌主持科学院工作期间，十分关照华罗庚，一度分管过科学院工作的华国锋也十分支持华罗庚。在华国锋等领导同志的支持下，中国科学院于 1976 年 9 月决定以小分队为基础成立应用数学推广办公室，至此，华罗庚和他的小分队才在中科院有了一个正式的名分和归属。这个办公室有独立的党组织，不受数学所领导。华罗庚随即再次提出入党申请。

1976 年底，中央统战部将华罗庚的入党材料转到中科院。1977 年，复出

---

[16]张志辉等，华罗庚与中国科大——龚昇、杨德庄先生访谈录，《科学文化评论》，2010 年第 1 期，第 71 页。

[17]1966 年 10 月 2 日《人民日报》头版“毛主席检阅一百五十万游行大军”报道中列举的登上天安门城楼观礼的全国人大常委会委员名单中有华罗庚的名字。

[18]王元，《华罗庚》，第 316–318 页。

[19]赵宏量，《大哉，数学之为用》，第 31–32 页，西南师范大学出版社，2010。

工作的李昌和胡克实同志对此十分重视，他们批示基本同意华罗庚入党，并亲自同华老谈话勉励。但有关的程序又走了两年，到 1979 年 3 月，在华罗庚出国讲学之前仍没有解决，他只好再次提出入党申请。在中央领导的支持下，院党组终于排除干扰，迅速批准了华罗庚的入党申请。

入党是华罗庚后半生的一场政治上的翻身仗，标志着他从统战对象的"先生"终于转为党员同志，几十年来压在他心上的沉重政治包袱，至此终于卸了下来。从 1950 年回国，华罗庚就把自己的前途与祖国和党的命运紧密地联系在一起了，他积极要求进步，身体力行，付出了艰巨的努力和沉重的代价，终于在晚年加入了中国共产党。在他访问英法归国后不久，《人民日报》于 1980 年 1 月 27 日报道了他入党的消息，新华社还配发了他第一次参加党支部活动的照片。

科学、政治与科学家的命运

诚如华罗庚 1946 年所说，在中国，科学与政治无法分开，华罗庚成名后就与政治结下了不解之缘。

从 1940 年 3 月 4 日上书教育部长陈立夫为科学和教育建言，到 1943 年为俞大维解决密码难题，1943 年上书朱家骅谋求朱对"科学研究励进会"的支持和为筹备中的数学所献策，直至 1946 年 8 月在庐山受到蒋介石的召见，向蒋上万言书。看起来，华罗庚与国民党政府高官日益接近。华罗庚甚至曾对人说，四十岁以后想从政。但从华罗庚与这些政治人物的来往看，他的建言和意图并没有超出科学和教育之外，除了介绍一些朋友加入国民党，也没有涉及直接的政治活动。"从政"云云，其实不过是为了施展他在科学和教育方面的抱负。新中国成立后，党组织对他与国民党的联系做过结论，即所谓"幻想靠蒋（国民党）发展科学，谋求个人地位"，属于一般性的政治历史问题，于其入党并无妨碍。

中华人民共和国成立后，华罗庚迅速做出了自己的政治选择。从此他拥护中国共产党，写下了大量的表态文章。华罗庚在途经香港时发表了著名的《致中国全体留美学生的公开信》，这封信是他奔向新中国的"决心书"[20]，也是他在新中国成立后的第一篇表态文章。从此一发而不可收，每遇重大关节，写作这一类表态文章，就几乎成了他例行的一部分重要工作。从思想改造、学习苏联，到批判胡风，大跃进、科研群众路线，等等，华罗庚都积极跟进[21]，堪称科学家紧跟党的代表人物。华罗庚的态度，配合了一时一事的政策和路

---

[20]王元，《华罗庚》(修订版)，第 172 页，江西教育出版社，1999。

[21]在"文革"之前，华罗庚仅在《人民日报》发表的这一类文章就有 20 余篇，此外还有一些见于《光明日报》《中国青年》和《科学通报》等报刊。

线，得到了高层的赞许，为他自己在激进的政治形势下找到了暂时的庇护。华罗庚的政治态度，是他能够正常工作的必要前提，但仅此并不够。

知识分子和同事同行对华罗庚则另有看法。如陈寅恪在 1957 年初华罗庚获得科学奖金一等奖、名声如日中天之际，就明确向竺可桢副院长表示“颇不以华罗庚为然，其言论作风之味不佳”[22]。这一类老辈的批评，似乎印证了过去西南联大的老教授和清华大学的一些人对他的批评，更支持了包括数学所内的一些对华罗庚持批判态度的人认为他搞政治投机的看法。

这样就呈现出一个吊诡的局面。毛泽东、周恩来等中央高层，长期以来对华罗庚推重有加，华国锋也保护他，胡耀邦真诚称誉华罗庚为“我们的国宝”，而华罗庚所在的数学所、科学院甚至数学界，却总有人挑他的毛病，有的人甚至总是揪住他的所谓问题不放，想把他打翻在地，让他不得翻身。同样的政治问题，为什么高层和基层的看法如此不同？除了对于政治标准的不同理解之外，基层党组织和党员干部执行政策宁左勿右以求进步或自保以及部分人的私心在起作用，也是不可否认的[23]。这是在科学规范之外，参入和突出政治标准之后的必然趋势，就华罗庚的情形而言，则造成了十分严重的后果。

1949 年以后，科学与政治的紧密结合，导致了在科学界政治标准高于科学标准，甚至常常取代科学标准，进而扭曲了学术共同体的价值观，消解了通行的学术规则，往往致使真正的学术带头人无法在科技界发挥正常的作用，从而妨害着科技事业的正常发展。这种状况一旦形成即迅速固化为一种体制性的弊病，直至今日并没有绝迹，还以种种新的形式呈现着。

1955 年中国科学院建立学部，聘请了 233 位学部委员，试图加强学术领导，扭转行政领导过于强大、学术领导捉襟见肘的局面。但在党的一元化领导的体制下，学部的性质和任务从一开始就得不到明确，一两年后，作为学术领导核心的学术秘书处聘任的优秀专家，都不得不让位于专职党政干部出任的正副秘书长。华罗庚对于学部的建立和学部委员的选聘有自己的见解。当他看到学部委员名单中有许多不做研究的“老科学家”之后，非常失望，认为中国的科学将推迟 50 年[24]。在学部迅速蜕变为科研管理的行政机关之后，华罗庚尽管是数学物理学化学部的副主任，但他不时缺席学部的活动，这也是他在“反右”运动中遭到批评的一件事。华罗庚深知，在“老科学家”和党员干部居于主要领导地位的这种体制里，他个人难以起到有效的作用。

---

[22]《竺可桢全集》，第 14 卷，第 516 页，上海科技教育出版社，2008。

[23]历史学家赵俪生曾与关肇直在中科院编译局共事，晚年在回忆录中曾写下自己的遭遇与对关肇直的看法，可供参考。见《赵俪生、高昭一夫妇回忆录》，第 120–124，304–305 页，山西人民出版社，2010。如果把关肇直对待华罗庚和吴文俊的不同态度比较一下，即可知党员领导掌握政策的空间和弹性是很大的。参见《走自己的道路 —— 吴文俊口述自传》，湖南教育出版社，2015。

[24]王扬宗，从院士到学部委员 —— 中国科学院学术体制建立的困境，载余敏玲主编《两岸分治：学术建制、图像宣传与族群政治》，第 65–135 页，“中研院”近代史研究所，2012。

科技界的这一生态变异，造成的后果是真正的学术权威在学术共同体内的边缘化，甚至在激进的政治形势下会沦为批斗的对象，“文革”之中，大批优秀知识分子被打成“反动学术权威”就是这种情形发展的极端化和扩大化。“仆人或亲人眼中无伟人”，华罗庚性格中的一些特殊之处或小问题在政治的考量下就被他的一些同事、朋友和同行无限放大。终而至于黄钟毁弃，瓦釜雷鸣，不幸应验了华罗庚“推迟五十年”的预言。

华罗庚不是一个向命运低头的人。不断恶化的政治形势迫使他不得不从跟进适应政治形势到掌握和运用政治形势，否则很可能就会被政治的波涛吞没。他的学术转向，虽说是他主动适应形势的行动，但归根结底还是被迫的。作为一个有理想、有抱负、对数学有全面深入理解的数学家，当他不得不在盛年把全部的精力投入普及数学知识的时候，他的内心该有多少遗憾和无奈。他的“慷慨掷此身”的豪迈诗句里边，其实包含着无尽的悲怆。

在中国特色的科技体制里，科学家的政治待遇往往比来自科学界的评价更重要。华罗庚的晚年终于云开日出，他的政治地位和政治待遇进一步提升。1978 年 3 月华罗庚被任命为中国科学院副院长，虽然那时他早已过了自己眼里的“老科学家”的年纪。1981 年他从副院长的岗位下来退居二线，但仍然是中国科学院的最高权力机构主席团中的一员。在去世前不久，华罗庚担任了全国政协副主席，达到了他的政治地位和政治待遇的最高峰。这虽然无补于他的学术，却增加了他身后的哀荣。他的英雄般的猝然谢幕，给他传奇的一生画上了句号。虽然在他生前就播出了以他的名字为名的电视剧，身后也出现了种种宣传他的传记，但他曲折艰难的后半生，尽管有王元院士的优秀传记详加阐述过，仍然值得深入研究和重新书写。因为华罗庚的后半生，不单单是他个人的故事，而且是中国现代数学乃至中国现代科学的一段沉重历史，至今还不能说已经翻过去了。

回过头来说，在对待华罗庚的问题上，中科院有过正确的决策，也有一些深刻的教训。反思其间的得失，对于改进党的知识分子政策和工作是很有必要的。当然，从根本上说，这是一种体制性的代价。但这代价是非常惨痛的，仅有的大师还不珍惜，必然导致大师之后再无大师。无论如何，华罗庚无法在他擅长的基础数学领域继续从事创造性的研究和培养人才工作，对于中国科学院甚至中国数学来说都是莫大的损失。这种损失的程度和长远影响是很值得重视和探讨的。

编者按：本文的部分内容曾在《中国科学报》的“科苑往事”栏目内发表过。应约在此转载之际，作者进行了较大的补充和修订，并标注了资料来源和参考文献。

参考文献

[1] 华罗庚致朱家骅信函（1943—1946），台湾“中研院”近代史研究所藏朱家骅档案。

[2] 段学复的发言摘要，《风讯台》1957 年 9 月 7 日第 6 版。

[3] 关肇直的发言，《风讯台》1957 年 8 月 20 日第 6 版。

[4] 樊洪业主编，《竺可桢全集》第 12，14 卷，上海科技教育出版社，2007，2008。

[5] 李真真，何祚庥先生访谈录——在科学院与中宣部科学处之间，《院史资料与研究》，1993 年第 1 期。

[6] 袁向东、郭金海，《徐利治访谈录》，湖南教育出版社，2009。

[7] 张志辉等，华罗庚与中国科大——龚昇、杨德庄先生访谈录，《科学文化评论》，2010 年第 1 期，55–73。

[8] 赵浩生，天才数学家华罗庚（1946），《赵浩生名人采访集》，新华出版社，2001。

[9] 赵宏量，《大哉，数学之为用》，西南师范大学出版社，2010。

[10] 赵俪生、高昭一，《赵俪生、高昭一夫妇回忆录》，山西人民出版社，2010。

[11] 郭金海、袁向东，清华大学聘华罗庚为数学系主任始末，《中国科技史料》，2001 年第 4 期，368–375。

[12] 李文林，中国科学院数学研究所筹建二三事，丘成桐等主编“数学与人文”第十二辑《百年数学》，91–100，高等教育出版社，2014。

[13] Stephen Salaff，A Biography of Hua Lo-keng, *Isis*, Vol. 63, No. 2 (Jun., 1972), pp. 142–183（此文的中译文见王元、杨德庄，《华罗庚的数学生涯》，222–270，科学出版社，2000）。

[14] 王元，《华罗庚》（修订版），江西教育出版社，1999。

[15] 王元、杨德庄，《华罗庚的数学生涯》，科学出版社，2000。

[16] 王扬宗，从院士到学部委员——中国科学院学术体制建立的困境，载余敏玲主编《两岸分治：学术建制、图像宣传与族群政治》，65–135，台北：“中研院”近代史研究所，2012。

[17] 袁向东，华罗庚致陈立夫的三封信，《中国科技史料》，1995 年第 1 期，60–67。

中国数学与世界华人数学家大会

季理真

译者：周畅

校对：陆柱家

1. 引言

中国是一个幅员辽阔、人口众多的国家，随着中国的崛起，中国数学也在不断进步，逐渐融入世界数学发展的大潮之中。中国数学作为世界数学的一部分，同时也有着自己鲜明的特色。那么，华人数学界有何特别之处？中国数学是如何发展以及与外部世界相互作用的？中国数学将如何影响数学的未来以及全球的数学界？

尽管由于数学界的范围、中国数学的规模以及一些历史原因，使得上述这些问题比较复杂，但是有一个很好的方式有助于解答这些问题，那就是来了解一下世界华人数学家大会（International Congress of Chinese Mathematicians，ICCM）——华人数学家和他们的朋友及合作者召开的一个会议。

本文将会对这个会议的历史、活动以及一些纪事进行简要的介绍。

2. 中国数学史一瞥

中国有着悠久的历史，中国数学亦是如此。中国是世界上唯一一个有着2000 多年连续文明的国家。中国数学早期的发展动力直接来自于天文、农业以及商业中的应用，但是也出现了一些关于中国人自己创造的定理和结果的系统记录，这其中最著名的莫过于《九章算术》。

在古代中国，由于数学并没有被看作是一门学科，因此发展比较缓慢，但是，到了 13 世纪，中国数学迎来了一段黄金时期，发展到了一个高峰。不幸的是，自此之后，中国数学开始停滞不前，甚至是有些倒退，与此同时，西方数学得益于文艺复兴、启蒙时代以及工业革命而开始迅速发展起来。

到了 20 世纪初期，中国和西方之间的差距日益增大。不久之后，世界数学的舞台上涌现出一批杰出的华人数学家，如陈省身、华罗庚、周炜良、林家翘、许宝騄，他们在中国数学与西方数学之间的鸿沟上架起了一座沟通的桥梁。而一些杰出的西方数学家诸如 Wiener，Hadamard，Blaschke 和 Osgood 等人对中国的访问，对于他们的成功也起到了关键作用。

近代中国数学在 20 世纪 50 年代和 60 年代早期迎来了另一个短暂的黄金时代。接着，政治动乱开始，数学发展再次停滞不前。

3. 世界华人数学家大会的历史

随着 20 世纪 80 年代改革开放政策的实施，中国经济乃至中国数学等科学迅速发展起来。到了 20 世纪 90 年代，为华裔数学家和他们的朋友建立一个国际性的平台来分享和交流思想和成就的时机已经成熟。因此，在 1998 年，世界华人数学家大会应运而生。

第 1 届世界华人数学家大会于 1998 年 12 月 12 日在北京召开。此后，每 3 年举办一次，已经成功举办的几届分别是：2001 年，台北；2004 年，香港；2007 年，杭州；2010 年，北京；2013 年，台北。2016 年，第 7 届大会再次回到北京举办。

世界华人数学家大会的邀请报告包括大会报告、45 分钟报告和“晨兴讲座”(Morningside Lecture)。晨兴讲座旨在推动那些在中国发展比较弱势的数学领域的研究，主讲人都是特邀的杰出数学家。例如，1998 年的那届大会，有 13 个大会报告，55 个 45 分钟的邀请报告，报告人都是活跃于世界各地的华人数学家，而 4 个晨兴讲座都出自杰出的非华裔数学家：R. Borcherds，J. Coates，R. Graham 和 D. Stroock。

与国际数学家大会（ICM）的安排类似，世界华人数学家大会一般在会议的第一天上午，为在纯粹数学或应用数学领域做出杰出贡献的华人数学家颁发“晨兴奖”(Morningside Medal) 和 “陈省身奖”(Chern Prize)。晨兴奖的奖金由香港的晨兴基金会提供, 要求获奖人年龄在 45 岁以下。也有专门为非华裔数学家设立的奖项，比如“国际合作奖”(International Cooperation Award)。

第 1 届世界华人数学家大会有 400 多人参加，第 2 届 500 多人，第 3 届 800 多人，第 4 届达到了 1500 人之多，第 5 届的人数更多，有 1600 多人，第 6 届是 800 多人，第 7 届的参会者有 1400 多人。

与会人数整体上的持续增加表明了世界华人数学家大会正在逐渐发展壮大，以及它在数学界具有了一定的影响。同时也表明，世界华人数学家大会已经成为一个成熟的活动。

4. 世界华人数学家大会的宗旨

世界华人数学家大会主席丘成桐在 1998 年简要阐述了大会的宗旨："这是一个历史性事件，第一次将世界各地的华人数学家召集在一起展示他们的研究。不管是其结果还是展示本身都是颇为壮观的。"其实，关键的一点在于，世界华人数学家大会加强了华人数学家之间的交流与合作。这也是晨兴数学中心[1]的指导原则，晨兴数学中心成立于 1996 年，它的新建筑是在第 1 届世界华人数学家大会期间落成的。

丘成桐教授为第 1 届大会撰写的献辞也许很好地诠释了世界华人数学家大会的宗旨。

第一届全世界华裔数学家大会献辞

丘成桐

公元一九九八年冬，华裔数学家，会于京师，讲学修睦也。聚三地之精英，集九州之豪士。四方学者，同根同心。献明月之章，传不朽之作，猗欤乎盛哉！

中土数学，源于九章，盛于陈华。刘徽注术，祖冲割圆，陈氏作类，华氏堆垒。此先人之智慧，今世之光华也。当欧战初萌，国难方殷，孙杨拔贤士于津沪，姜熊传心法于清华。云南讲学，江表立所。薪传至今，已历三世。门生故旧，遍于天下。俟陈氏去国，续领风骚，竟存一脉于海外。而华氏返京，继绝存亡，终创大业于国内。斯时也，华熊子弟，得数论精妙，奠复变根基，苏冯门下，发方程微义，开计算先河。郁郁其文，无愧于先，彬彬大业，有传于后矣。然后十年动乱，九州震荡，上下受刑，天地为悲。父子殊途，师友异路。学忠马列，文必颂圣。长者不敢有谋，学者不敢有志矣。幸得将军擒凶，国乃太平。小平开国，世传中兴。百姓乐业，万国来华。惟国士不比外宾，商贾有逾学人。于是家家望子放洋，户户经商期富。"文革"宿怨未消，而国初锐气消磨矣。晚近游子思归，学士东来，能者屡见于台湾，业绩不断于香江。两地科研，有声于外国；海疆数学，不亚于中土矣。欧美诸君，承先贤之余荫，得大师之熏陶，共驰域外，各取明珠。无奈华夏虽众，长城未修，天地虽宽，瑕疵难容。终究德不如欧美，力不逮乎日苏。根之腐矣，枝叶不荣，叶之枯矣，根茎何养？今我同胞，其无相煎，如足如手，其无相负，如师如友。咨尔贤俊，其能养士，而敦而敬，其能养气，而刚而正。出则博文，入则约礼，究天地之造化，争日月之光华，庶可立德立言，不朽后世矣。其辞曰：

仲冬嘉会，华夏初筑。聚我精英，言欢修睦。

[1] 见《数学译林》2016 年第 3 期杨乐介绍晨兴数学中心的文章。——校注

集我同志，切磋演绎。思入风云，玄想无极。

真理同探，永世其传。何以为欢，必有歌弦。

何以为庆，必有德言。盛筵必再，以待千年。

丘成桐教授为晨兴数学中心奠基典礼所作的致辞演讲可以很好地诠释晨兴数学中心的使命：

晨兴数学所[2]奠基典礼讲辞

丘成桐

在这个世纪结束，新世纪来临的时候，数学家盼望的不是万两黄金，也不是千年霸业。毕竟这些都会成为灰烬。我们追求的是永恒的真理，我们热爱的是理论和方程。它比黄金还要珍贵和真实，因为它是大自然表达自己的唯一方法；它比诗章还要华美动人，因为当真理赤裸裸呈现时，所有颂词都变得渺小；它可以富国强兵，因为它是所有应用科学的泉源；它可以安邦定国，因为它可以规划现代社会的经络。

希望大家能拼着赤子的热诚，在科学院和陈氏兄弟的帮助下，不分界域，同心协力在中国建立一个有世界水平的数学中心。

5. 世界华人数学家大会发生了什么?

世界华人数学家大会的意图在于促进中国数学与西方数学之间的互动交流，同时也定期地庆祝华人数学家和他们的朋友所取得的数学成就和重要进展。

世界华人数学家大会的奖项旨在表彰数学成就，并对数学家进行鼓励。除了回顾已经取得的成就，世界华人数学家大会更感兴趣于研究的发展前景。也有一些活动是来阐释数学是如何被应用的，并且在很多应用上数学确实是有用的。在此，我们并不去总结每一届大会的邀请报告和晨兴讲座的内容，而是介绍历届大会的一些亮点和花絮。

第 1 届世界华人数学家大会于 1998 年 12 月 12 日—16 日召开，这届会议是后来历届大会的开端。例如，第 1 届晨兴奖就是在这届大会上颁发的。这次大会的组织工作令人印象深刻，讲一件令人难忘的事情：大会开幕式是在人民大会堂举行的，如果没有交通拥堵的话，人民大会堂距离晨兴中心只有一个小时的车程。在会议第一天的早晨，十几辆载着与会人员的巴士从晨兴中心出发去大会堂，根据安排，整条线路一路绿灯，巴士全程不停地开向了目的地。

---

[2]原文如此。即晨兴数学中心。——校注

ICCM 1998 与会者合影

1998 年的大会，一些杰出的特邀来宾出席了会议并发表了热情洋溢的演讲：R. Graham（美国数学会前主席），J. P. Bourguignon（欧洲数学会主席、法国高等科学研究院院长），J. Jost（德国马普数学研究所所长），M. Taylor（伦敦数学会主席），S. L. Lee（李秉彝，新加坡数学会主席），T. Sunada（日本数学会财务主管），K. S. Chang（张健洙，韩国数学会理事长）。在大会召开期间，中国科学技术协会大会堂里还举行了一场音乐会。

第 2 届华人数学家大会于 2001 年 12 月 17 日—22 日在台北的圆山大饭店举办。在这次会议期间，特设了“晨兴数学终身成就奖”（Morningside Lifetime Achievement Award in Mathematics），授予陈省身教授。颁奖词如下。

ICCM 2001于 2001 年 12 月 17 日—22 日在台北圆山大饭店举行

“陈教授被授予晨兴数学终身成就奖，以表彰他为中国数学的奠基、对于微分几何划时代的研究以及对中外杰出数学家的扶植等方面所做出的伟大贡献。20 世纪 40 年代，微分几何处于低谷时期：这个数学领域仅仅是刚开始被人了解及应用。陈教授成为了这个学科的开拓者，他的一些主要成就就包括纤维空间的陈氏示性类以及对 Gauss-Bonnet 公式的证明。今天，微分几何已经成为了数学的一门主要学科，这种学科地位的转变主要归功于陈教授。”

曾经有一次会议是专门为庆祝陈省身教授 90 寿辰而举办的，丘成桐教授为陈先生撰写的贺词如下：

“陈省身教授出生于浙江嘉兴，是世界顶级的数学家，受到所有杰出学者的高度尊重。他在年轻时就获得了学术上的巨大成功，并迅速在北京和上海声名鹊起。陈先生在其三四十岁时是在国外度过的，在此期间他一直做的是一些超前的研究，这为他在欧美赢得了极大的声望。陈先生专注于微分几何的研究以及陈氏示性类的构造。他加强和发展了 Cartan 的工作，同时也是拓扑学领域的先驱者。陈先生曾经教育我们如何学习原有的知识并发现新的知识。他培养了如此之多的学者，这些学者都对他崇敬有加。学习数学的中国学者即使不是他的学生，也都对陈先生怀有极高的敬意和赞赏，我们感谢他过去 70 年来所做出的不可估量的贡献。”

这届大会还成立了“陈省身奖”，用以奖励对数学研究或在推动数学发展的公职服务方面做出卓越贡献的华人数学家或人士。

一些杰出的国际数学家出席了第 2 届华人数学家大会，其中包括 John Coates，Gerd Faltings，Peter Lax 等人。Faltings 做了大会报告，Lax 的演讲题目是“21 世纪应用数学的发展”。

这届大会还组织了名为“科技如何影响亚洲的经济与商业”和“21 世纪应用数学的发展”的两场研讨会。

第 3 届大会于 2004 年 12 月 17 日在香港会展中心开幕。令人痛心的是，陈省身先生在大会召开前夕[3]永远地离开了我们。这一届大会旨在纪念“我们的老师和领袖：陈省身教授”。陈先生总是尽力扶持中国数学和华人数学界，就在他去世前，他还给华人数学家大会捐助了 10 万元。

世界华人数学家大会国际合作奖的设立，旨在奖励那些推动中国数学发展的人士。

除了通常的数学报告以外，2004 年的世界华人数学家大会安排的两场公众讲座也吸引了众多目光。其中一场是关于数学和中国诗歌的讲座，名为“诗歌中的数学？数学中的诗歌”，报告人是新竹清华大学前校长刘炯朗先生；另一场讲座是关于赌博中的数学，名为“我的赔率是多少？赢一场机会博弈所做的历史与现代的努力”，报告人是 Benter 先生，他利用报告中所讨论的数学方法在香港赌马中收获颇丰，并慷慨捐赠给数学事业。

还是在 2004 年这届大会上，陈启宗设立了“恒隆数学奖”（Hang Lung Mathematics Award），这是首个专门为高中学生设立的数学研究竞赛奖项，

---

[3]2004 年 12 月 3 日。——校注

ICCM 2004 会场场景

并且当时就颁发了这个奖。后来，这种为中学生设立奖项的模式被延续下来，范围逐渐扩大至中国的“丘成桐中学数学奖”（Shing-Tung Yau High School Mathematics Awards）。

2007 年，世界华人数学家大会在杭州召开，12 月 17 日在浙江人民大会堂举行了大会开幕式，会议报告则在浙江大学进行。这届大会又创立了一个新的奖项，即“新世界数学奖”（New World Mathematics Award），旨在奖励优秀的博士、硕士和本科生的论文，这是首次在这届大会上提出来的。

这届大会还组织了关于研究数学的女性的小组专题讨论，与会人员包括 Melissa Chiu-Chu Liu（刘秋菊），Dusa McDuff，Chuu-Lian Terng（滕楚莲）和 Claire Voisin 等杰出的女性数学家。

ICCM 2007 会场场景

在这次会议期间，还组织了一场关于 21 世纪高等教育所面临的挑战的研讨会，与会人员包括哈佛学院院长、香港中文大学校长、哥伦比亚大学文理研究生院院长、圣塔芭芭拉加州大学校长、浙江大学校长和芝加哥大学校长。

这些活动连同其他公众活动以及一些延伸活动吸引了 30 多家主流媒体关注 2007 年世界华人数学家大会，并进行了报道。

在距第 1 届大会召开 12 年之久的 2010 年，世界华人数学家大会再次回到北京举办，主题为纪念陈省身先生和华罗庚先生。大会议程的前言记载着：“ICCM 2010 旨在纪念华罗庚 100 周年诞辰和陈省身 99 周年诞辰，这两位先生是 20 世纪最伟大的华人数学家。他们都曾经任教于清华大学，培养了一大批优秀的数学家（其中包括王宪钟、王浩和万哲先），这些人已经成为中国数学界的翘楚。华罗庚是近代中国数学发展的领军人物，并且对中国科学院数学与系统科学研究院的成立起到了积极的推动作用。”

ICCM 2010 获奖者与嘉宾合影

我们可通过丘成桐教授为此次大会撰写的一篇短文来了解一下会议的宗旨和气氛。

华人数学大会前言

华裔数学家之会，始于京师，已历一纪。辛卯之岁，二千筹人，复聚于京师大会堂。时值孟冬，冠盖满途，俊秀咸集，讲学修睦，信可乐也。

金坛华氏，嘉兴先师，百代之英，开筹学万年之基，助华夏腾飞之势。值二公百岁冥辰，岂可无辞以纪中华筹人不忘祖乎。

遂作辞曰：

聚诸贤兮会堂之中，

怀往哲兮善其始终。

展翅兮余怀，

鹤鸣兮九皋。

心飞扬兮浩荡，

众同游兮学深。

展数之美兮高歌，

应天之真兮合节。

日将出兮国中，

夜皎皎兮既明。

北京的华人数学家大会之后不久，一些参加会议的数学家与其他来自世界各地的杰出人士一起创立了清华三亚国际数学论坛，这是世界上规模最大、致力于推动数学与其相关学科发展的会议中心。

2013 年，世界华人数学家大会在台北召开。“晨兴数学特别成就奖”（Morningside Special Achievement Award in Mathematics）授予张益唐，以表彰他在孪生素数问题上取得的突破性进展，国际合作奖颁发给 J.-P. Serre。在张益唐的大会报告中，Serre 向他提了一个问题，关于张的证明过程中关键步骤的指数和的使用（与 Weil 在有限域上代数曲线的工作相关）。张益唐当即就给出了一个完美的解答，Serre 对此感到非常满意，并当场表示很喜欢这个答案，这是一个在华人数学家大会期间数学家们进行思想交流与碰撞的典型例子。

ICCM 2013 张益唐获晨兴数学特别成就奖

6. 大会出版物

大会的主要出版物就是《世界华人数学家大会文集》(*Proceedings of 1st (or 2nd, or 3rd, ...) International Congress of Chinese Mathematicians*）和《世界华人数学家大会通讯》(*ICCM Notices*)。“大会文集”对于每一届会议的科学活动都做了忠实的记录，也包含获奖人和典礼的照片。“大会通讯”则为来自世界各地的数学家就数学的主要进展以及数学所面临的问题等交流他们的观点和看法提供了一个平台。例如，除了对数学的各种活动（比如，主要的会议、数学研究机构和数学奖项与荣誉等）进行描述以外，“大会通讯”还包含诠释性和综述性文章，这些文章主要介绍数学中最新的突破、一些前沿性课题的讲义、数学史（如中国和日本，中国和印度）、数学家传记（如许宝騄、de Rham 和 Fano）以及为学生和年轻数学家选取的未决问题。

虽然“大会通讯”和 ICCM 之间的关系并不密切，但是它的作者群和面向的读者群包括所有国家的数学家、统计学家以及一些物理学家和计算机科学家（华裔和非华裔），这份杂志是在世界范围内传播发行的。

由“大会文集”清楚地知道，华人数学家对于纯粹数学和应用数学众多学科的发展都做出了重要贡献。事实上，这些贡献已经涵盖了数学中的所有主流课题。

7. 世界华人数学家大会的作用

ICCM 给世界各地华裔数学家的松散群体一个共同的身份，提供了一个独特的机会让他们聚集在一起，交流数学思想。这样一个全球性的互动对于每一个参会者都有着非常积极的作用，尤其是对于来自中国境内现代数学欠发达地区的学者更是如此。

由杰出的非华裔数学家所做的晨兴讲座，可以让华人数学家了解世界上其他地区数学研究的最新进展。

晨兴奖以及其他奖项是对年轻有为的华人数学家工作的肯定和认可，并激励他们继续做出更加优异的成绩。

致谢 感谢康明昌、刘家成、杨乐和于靖提供的珍贵信息和有用的建议。

编者按：本文译自 *ICCM Notices*, Vol. 4 (2016), No. 1, p. 73–87, Chinese Mathematics and the ICCM, Lizhen Ji, 由 *ICCM Notices* 授予译文发表许可。
作者是美国密歇根大学数学教授，他的邮箱地址是 lji@umich.edu。

回忆和肖刚的忘年交

陈志杰

2014 年 6 月 29 日早晨我收到了 WIMS 项目组 Eric Reysatt 的群发电邮，惊悉 WIMS 创始人肖刚已于 6 月 27 日去世。这个噩耗来得突然，使人无法接受。回想去年 9 月肖刚专门从法国给我打电话，告诉我他发现肺部有一处阴影，肯定是不好的，而且他还有家族史，不过治疗效果都是好的。因此他准备不久去开刀切除。今年春节过后，我又和他通话，知道手术很成功，已经正常上课了。可是别处又发现了新的阴影，好坏难定，正在进一步检查。我感到他对自己的病情十分清楚，对于各种治疗手段也有深入的了解，正在理性坦然地面对自己的疾病。虽然我们都有不祥的预感，但万万没有想到他会走得这么匆忙。我当天就和肖夫人陈馨通了电话。陈馨忍住悲痛，向我详细介绍了肖刚的病情进展，我才知道这是一个极罕见的特例。5 月份决定做一个微创手术，把病灶切除。手术很顺利，肖刚自己对此也是信心十足，相信不久又能重返讲台。没有想到几天后病情急转直下，反复发烧，肺部急速纤维化，呼吸困难，终于回天乏术。陈馨告诉我，主刀医师是尼斯最好的，有二十年经验，但肖刚的案例还是第一次遇到。这完全是极罕见的特例。如同他的大脑天赋与众不同一样，他的术后反应也与众不同。没有人会料到这个极小概率的事件会发生在他的身上。也许这一切都是“命”吧。我们除了接受这个结果外又有什么办法呢。

我第一次认识肖刚是在 1977 年随曹锡华先生一起去北京参加李型单群讨论班。在那次活动中结识了许多代数学界的前辈以及同龄的青年学者。尤其引人注目的是中国科学技术大学曾肯成教授的两位研究生李克正和肖刚。他们都是毛遂自荐、经过单独面试后破格录取的拔尖人才，也是当时参加活动的最年轻的学生。后来根据导师的安排，分别留学美、法两国学习代数几何。他们两位的私交极好，后来也和我成了忘年交。

到 1978 年，开始公派出国留学。首先破冰的是欧洲。我于 9 月参加了法语出国考试，成了中国政府首批公派赴法进修生。在出国前要到上海外语学院的出国培训部学习法语。由于我参加过法汉词典的编写，有了基础，因此进了高级班。不过时间很短就出国了。没想到肖刚也来报到了。原来曾先生决定派他到法国，因此他突击学法语，从零开始，方法就是背词典。他参加的是英语出国考试（他曾是江苏师院外语系英语专业的大学生），因此被编入初级班。不过他打算提出申请，要求改到高级班。后来在巴黎遇到他时知道，他确实通过了考核，跳到了高级班。这就是肖刚的速成学习法。

肖刚和陈志杰，摄于 1985 年 5 月 17 日代数教研室

我于 1979 年 5 月到达法国，受到法国外交部的欢迎，随即安排去维希学习法语 4 个月，再被分到德法边界的斯特拉斯堡大学。肖刚是 1980 年 1 月到巴黎南大学跟随 Raynaud 教授攻读博士学位的，也在维希学习过法语，不过是在我离开以后。我去巴黎时见到过肖刚，因此互相建立了联系。我于 1981 年 7 月按时归国工作。肖刚则于 1982 年 12 月获得法国第三阶段博士学位（法国旧学制，介于我国的硕士和博士之间）。这时曹锡华教授就建议我加强与肖刚的联系，争取他到师大来工作。我曾写信去法国动员肖刚毕业后到师大来，并向他介绍了师大的学术环境。肖刚在回国探亲时也在上海与我联系见过面，谈起过到师大工作的可能性。1984 年 2 月肖刚获得法国国家博士学位（法国旧学制，相当于我国的博士后），他的学位论文评价很好，准备发表在著名的黄皮书论文集里。并且肖刚在获得学位后不久就归国，到了北京后他表示愿到华东师大，部里当即分配他到华东师大报到。当 5 月份我在系里见到他时，吃了一惊，没有料到肖刚这么悄无声息地来到了师大。而且后来知道他也曾和复旦大学联系过，不过最终还是选择了师大。这就是肖刚的风格。他在师大工作的多年中从没有在生活、职称等待遇上提出过任何要求。当然这也和学校及系里都知道肖刚这样的人才难得，尽可能为他的安心工作提供必要的条件有关系。其实按照他的能力和当时他在数学界的名声，他完全有“本钱”提出很多要求。但是他从来不计较。他很愿意从事教学工作，当

时学校分配给他的住房就是筒子楼 2 楼的一间 12 平方米的房间，厨卫都是公用的。他也从来没有过怨言。顺便提一下，俗话说“成功的男人背后都有一个伟大的女人”，肖刚夫人陈馨是著名古典园林大师陈从周先生的幼女，一位经历过东北插队落户的大家闺秀。她出身世家，但绝非娇生惯养。她知书达理，心地善良，事事忍让，从不和人争执。我的亲身经历使我对陈馨的善良留下深刻的印象。肖刚能够淡泊名利、专注研究是与这样一位贤内助的背后支持分不开的。

为赴德访问送行，左起：陈志杰，肖刚，翟厚敏。摄于 1991 年 1 月 29 日

为了充分发挥肖刚的作用，曹锡华教授让他的刚进校的研究生翁林、杜宏跟随肖刚学习代数几何。我因为已经有了代数几何的基础，又看到肖刚需要有个合作者，就决定也转向代数曲面研究方向。肖刚在培养研究生方面十分敬业。他给学生讲的“代数曲面”课就是他自己研究经验的总结。他还把在国外访问时获得的最新动向迅速传回国内让学生知道，出国回来后不顾时差马上和研究生讨论课题。这些都使得研究生获益匪浅。肖刚从 1984 年到师大直至 1991 年赴德国马普所访问和 1992 年 10 月去尼斯大学担任教授，在师大工作了 6 年多（其中赴美工作 2 年），这段时期可以说是他的研究工作及研究生培养的黄金时期。他获得了国家教委科技进步一等奖、国家自然科学三等奖、霍英东青年教师奖（研究类一等）和陈省身数学奖。第一届硕士生翁林的工作就获得了钟家庆硕士论文奖，翁林现在在日本工作。第二届研究生更是人才济济，博士生谈胜利、硕士生孙笑涛（万哲先、罗昭华的博士生）、陈猛（我的博士生）都先后获得国家杰出青年基金。后来的博士生刘先仿也获得过钟家庆奖，蔡金星则是北京大学的教授。谈胜利和陈猛都是教育部长江学者特聘教授。这些学生都成了国内代数几何学界的中流砥柱，肖刚对我国代数几何研究的贡献是非常大的。

左起：陆洪文，陈志杰，杨劲根，肖刚，谈胜利，刘先仿，薛辉，涂玉平，陈猛，蔡金星，吕明。摄于 1996 年 7 月

肖刚绝对是计算机的高手，而且软硬通吃。我记得他最早的计算机就是一台自己组装的“赤膊机”。TeX 软件的推广也与杨劲根和他的贡献密不可分。当他着手写作专著《代数曲面的纤维化》时，他决心把 TeX 汉化，就用 C 语言写出了“中文 TeX 软件”（后来命名为天元软件），还写了一个中文文字处理软件 edt。这本书的原稿便是用 edt 和中文 TeX 完成的。可惜当时印刷厂还没有电脑排版，仍然使用传统的铅字。并且他毫不保守，为了天元软件升级的需要，他二话不说就把源程序给了我。我就是这样学会使用 C 语言的。回想起那段大家一起探讨使用中文 TeX 写作数学文章的情景，至今仍难以忘却。

参加中文 TeX 与数学网站交流会，左起：李克正，陈志杰，肖刚，杨劲根

肖刚到达尼斯大学以后慢慢停止了代数几何研究，兴趣转到了计算机辅助教学。当然这也和法国大学的宽松学术环境有关。他在计算机方面的研究是得到学校支持的。他创建了网上互动式多功能服务站 WIMS，这是一个庞

大的计算机工程，而且是开源代码，与大家共享的。目前已有 8 种语言的版本，许多大学设立了服务站。在世界范围内形成了一个 WIMS 社区。每个服务站都在为它的创始人的逝世而哀悼。还在开发的初期，肖刚就在回国探亲时向我介绍了这个服务站。我看了后也有兴趣，就决定在华东师大也建一个站。为此我开始学习 Linux 自己建立服务器，并且着手翻译成中文。这是一个极其庞大的工程，在部分青年教职工的协助下，也只能翻译一部分。而且我把它引进到“高等代数与解析几何”的教材中，可惜在我国的应试教学氛围里始终无法得到推广。从 3.64 版以后肖刚兴趣转向，把 WIMS 的发展交付给法国巴黎南大学等的一个 WIMSEDU 开发团队。这是国际性的团队，我也参与其中，专门负责软件本身的中文翻译。正因为如此，我才很快收到了肖刚去世的电邮。

左起：谈胜利，郑伟安，王建磐，肖刚，陈志杰

肖刚的兴趣后来又转向太阳能，不但有理论研究，也有实际试验，已经发表了不少论文，成为太阳能开发学界的一员，也在尼斯大学建立了项目。他很想和华东师大联合开发，可惜我们学校没有相应的研究方向及人才。后来他联系到上海某电力系统高校合作申请到了一个科研项目，投入了很大精力，最终因某种原因不得不中途退出，这让他深受挫折。可是生活就是如此，有什么办法呢。我觉得肖刚是一个绝顶聪明的人，总是不能闲下来，而且总是追求挑战自己。他常常和我跨国通话一次一个多小时，谈他的宏大设想。我问他为什么不搞代数几何要去搞自己不熟悉的太阳能，他的回答就是要挑战自己，要寻求新的领域。我们当然希望他能继续研究代数几何，这样就能和这里的数学系建立更密切的协作关系。可是他的志向已定，我们只能尊重。

肖刚好友，安息吧！

岁月流水忆当年

黄宣国

在 1977 年 9 月的一天，社会上到处在流传，要恢复高考了，要不拘一格，用考试选拔青年进大学了。有一天我的一位中学数学老师到我家（从 1963 年至 1966 年，我高中三年是在上海市格致中学读的书），告诉我，复旦大学数学研究所要恢复招收研究生，建议我去试试。我从初三开始就喜欢数学，从初三到高三连续四年担任班级数学课代表，从 1969 年下半年开始，我用了大约六年时间，自学了空间解析几何、数学分析、高等代数、复变函数、常微分方程、微分几何、普通物理学、理论力学等课程。过了几天，他又告诉我，复旦大学有关方面说由于我仅仅是一名高中生，需要一些可以证明自学过相关课程的材料。由于我在自学的阶段，写了大量的数学读书笔记，我花了两周左右的时间，摘录了当时我认为比较难的一些习题的解答，分课程整理成厚厚的一叠，交给了复旦大学的有关方面，事后我得知，复旦大学数学研究所很认真，将材料分送给有关任课老师阅读，并写下了评语，最后同意我有资格参加复旦大学举办的“文革”结束后中国第一届（数学）研究生入学考试，考试分三天进行。1977 年 11 月 21 日上午考数学分析，下午考解析几何与高等代数；11 月 22 日上午专门课程考试（在微分几何、泛函分析、数理方程、代数、概率论与数理统计五门课中任选一门），下午考政治；11 月 23 日上午考外语（英语、俄语任选一门），下午专业口试。每次笔试两小时，上午 8：30 至 10：30，下午 2：00 至 4：00。从四十多年后的今天来看，这次考试也是非常正规的。我记得有一百多人参加了考试，最后分两批一共录取了十五人。第一批十一人，第二批补充录取四人，我是这补充录取的四人之一。这是我人生的一个转折，感谢胡和生先生，几年后我得知是她力主录取了我。在这十五人中，学习微分几何四人，偏微分方程三人，概率论与数理统计三人，泛函分析两人，代数两人，常微分方程一人。其中在复旦大学读过书的有七人，仅仅是中学生，没有读过一天大学的有七人，另有一人读过三年大学，但不是复旦大学的学生。洪家兴院士就是这十五人中的出类拔萃者。这十五人中有六人后来到美国留学，其中有的成了美国著名大学的教授。

在硕士研究生阶段，有两件事到现在还令我记忆犹新。一件是在第一年，当时担任复旦大学数学研究所副所长，被苏步青先生称为复旦数学两大台柱之一的夏道行先生，召集我们全体研究生开了一个会，主题是怎样当研究生。他告诉我们，作为研究生，在学习过程中，碰到疑难问题要自己想办法解决，不要向老师问答案，这是复旦大学的一个传统。他讲了自己跟随陈建功先生读研时的一件事，当时有一个数学方面的问题，他去问陈先生，陈先生告诉他，系图书馆有一部书籍，告诉了他书名，他要的答案就在这书中。他到图书馆查到了这部书，厚厚两大本，德文版。他借助德文字典，花了几个月时间，将这两本书读了一遍，解决了自己的问题。从此，他也有了阅读德文数学图书和论文的能力。自从听了那次讲话后，我们再也没有去问授课老师任何问题。我们研究生之间互相切磋，努力学习，直到毕业。

另一件事是当时在美国的郑绍远先生到复旦大学来访问。我记得是在1980年，当时我们两届微分几何研究生，以讨论班的形式在读 Boothby 的《微分流形概论》，就是这本书使我有了整体流形的基本概念。郑先生年龄与我们相仿，很平易近人，他背着包来到我们研究生宿舍，在交谈中他告诉我们，他的导师是一位著名教授，在研究生阶段，他一学期难得见到导师几次面。学习中有问题，都是丘成桐先生与他互相探讨，共同解决。郑先生说，对于浩如大海的数学文献，该怎么办呢？他讲有三种方法，第一种是精读，有一类文章，结论重要，但证明方法更重要，因为对于这证明方法，你要在自己以后的研究工作中学习、模仿，再创新发展。第二种是粗读，因为对于这类文章的结论，你以后要用。第三种文章只需浏览一下，你自己知道有这么一个结果就可以了。虽然已经过去三十多年了，但郑先生的这段金玉良言给了我们很大的帮助。

在1980年左右，在上海的南昌路科学会堂，上海各高校的数学教师和研究生听陈省身先生做报告。这是我第一次见到陈先生，他风趣的演讲给我们留下了深刻的印象。在另一次演讲中，他告诉我们，什么是一篇好文章呢？第一，这个研究的问题必须是大家所关心的；第二，解决问题的方法又必须有新意，能使阅读文章的人深受启发。他又讲例如数学竞赛题目就不能算好题目。我的理解是他要告诉青年人，不能沉迷于中学数学难题，要向前走，学习现代数学，研究现代数学。

越南的吴宝珠在中学阶段连续两年参加国际数学奥林匹克竞赛，获得两枚金牌，后到法国留学。我从《南方周末》报上看到一篇对他的采访，他自己讲，到了大学后，他就毅然放弃了中学数学竞赛方面的喜爱，逐渐走上了研究现代数学的道路，并获得了菲尔兹奖，现在美国一所著名大学任教授，继续他热爱的数论方面的研究。

中国是中学数学竞赛的强国，绝大多数年份在国际数学奥林匹克竞赛中不是团体第一，就是团体第二。国内那些金牌获得者也出国留学，但是他们中不少人似乎缺乏吴宝珠的能力，有些人获得博士学位回国后，仍旧活跃在国内中学数学竞赛圈内。这当然是他们自己的选择，但我总对他们感到有些惋惜。我希望若干年后中国有自己的吴宝珠。

陈省身先生回国后，在 20 世纪 90 年代，连续十多年每年暑期在南开大学举办微分几何工作营。各地的微分几何工作者、青年教师、研究生云集一堂，报告自己的工作、互相交流，对国内微分几何的发展起了很好的作用。陈省身先生待人很随和，有一次在南开大学举办的微分几何工作营，他见到我，对我讲：你能来参加我很高兴。陈先生是国际上的一位数学大师，我仅是一名极普通的数学教师，两者之间有云泥之别。他并没有用高耸入云的俯视之态观人，这一点到现在仍然让我感动。我与陈先生最后一次的近距离交谈是在他逝世的前一年暑期，我恰在南开大学几天，我到达的当天，他就让司机打电话到我住宿的房间，问我当天晚上是否有空，陈先生想与我一起吃顿饭。那天晚上，他将好吃的大虾等菜都让给我吃。我们一边吃饭、一边海阔天空地聊天，他很高兴。我临走时，他取了一本他的传记，署上了自己的名字送给我，这本传记我一直珍藏着。

1980 年，在郑绍远先生处，我第一次听到丘成桐先生的大名，国内的微分几何工作者中许多人都是阅读丘先生的文章开始微分几何的学习和研究的，包括我。丘先生的文章（包括与郑绍远先生的合作）结论重要，且全文写得清晰、易懂，这也是国内许多教师、研究生喜爱丘先生文章的关键原因。

在 1996 年冬至 1997 年初，我有幸在哈佛大学数学系学习八十天，参加丘先生主持的数学讨论班。几次听下来，我的第一感觉是国内相当一部分微分几何工作者（包括我在内）的研究工具落伍了。以 E. Cartan 的活动标架法为主要运算工具的研究方法已经与代数几何、偏微分方程紧密结合，当代微分几何的研究课题在发生着深刻的变化。回国后，我就告诉青年研究生：你如果想终生从事微分几何研究，必须学习代数几何，必须能熟练地应用偏微分方程工具处理微分几何问题。

三十多年来，许多国内的数学教授访问过复旦大学，复旦大学的许多数学教师也访问过国外的著名学校。平心而论，对国内数学帮助最大的是一些在国外的华裔数学家。除语言交流没有障碍外，更重要的是我感到他们是真心希望国内的数学能尽快走近世界数学前沿，缩短与世界数学强国的差距。他们对国内数学的帮助（包括资金上的帮助）是二十年如一日、三十年如一日，持之以恒。目前国内一些青年学者取得的若干成绩，大多背后有华裔数学家的鼎力相助。

长风破浪会有时，我相信中国成为数学强国的一天一定能到来。

Jacques Hadamard 在中国

李文林

整理：陆柱家

20 世纪 30 年代，中国与西方国家的数学交流日趋活跃。中外数学交流史上这一时期的一个重要特征是邀请欧美领头数学家来华访问讲学。法国数学家 Jacques Hadamard（1865—1963）正是在这一时期应邀访问了清华大学。本文根据相关史料的发掘考察了 Hadamard 访华的背景、经过及其影响。

1. 中法数学交流背景

中国与法国之间的数学交流可以追溯到 19 世纪末。1887 年有两名中国学生，林振峰和郑守箴，由福建船政学堂派往巴黎高等师范学校，他们被指定学习更为理论的科学，并于 1890 年获得了科学硕士学位。这是迄今所知中国学生在法国接受高等数学教育的最早记录。

在巴黎高等师范学校的两名中国留学生（1890 年）：林振峰（中间站立者）与郑守箴（二排右一）。照片由法国国家科学研究中心 J.–C. Martzloff 博士提供

1911 年辛亥革命以后，中法数学交流大大加速，特别是 1912 年由蔡元培和李石曾发起成立的“留法俭学会”，帮助了成百上千的中国青年到法国接

受高等教育。据统计，从 1913 年到 1919 年，共有 2000 多名中国学生以这样的方式或通过其他途径被送到法国进行较长时期的学习。这些人中有 4 个投身于数学并表现突出。他们分别是：郭坚白（1895—1959），1916 年获巴黎大学硕士学位；何鲁（1894—1973），段子燮（1890—1969），二人分别于 1919 年和 1920 年获里昂大学硕士学位；熊庆来（1893—1969），1920 年获蒙彼利埃大学硕士学位。1920 年以后的一个时期里，对中国留学生资助的状况有所改善，在法国出现了专门接受中国留学生的机构——里昂中法大学，1920—1930 年间，这里产生了最早的一批在法国获得数学博士学位的中国留学生，他们是袁久祉（1927），赵进义（1928），刘俊贤（1930）；在此期间还有 4 名中国学生在这里获得了硕士学位：何衍璇（1924），陈荩民（1925），单粹民（1926），以及范会国（在里昂中法大学获得数学硕士后转学巴黎，1929 年获巴黎大学博士学位）。

所有上面提到的学生在法国完成学业后都回到中国，成为中国现代数学教育的先驱者。他们参与并领导了新成立的中国大学数学系（包括清华大学算学系、北京师范大学数学系、南京东南大学数学系、广州中山大学数学系等）的创办，特别如熊庆来，1921 年负责创办了东南大学（后中央大学，现南京大学）数学系，1929 年又被任命为清华大学算学系主任。一年后熊庆来二度赴法并以整函数与无穷级亚纯函数的论文获得了法国国家理学博士学位。1934 年回国后继续担任清华大学算学系主任，直至 1938 年被任命为云南大学校长，正是在此期间，熊庆来主持接待了 Hadamard 对清华大学的访问。

迄今所知第一位访问中国的法国数学家是 Paul Painlevé（1863—1933），他于 1920 年率领了一个法国代表团访华。Painlevé 曾两度出任法国政府总

Painlevé 和 Borel 在上海科学社发表讲演（1920 年）。照片由法国国家科学研究中心 J. –C. Martzloff 博士提供

理，虽然他此行的主要目的并非数学交流，但其在上海的中国科学社发表的讲演中呼吁中国学者建立自己的专业学术团体，激励和引导了 1936 年中国数学会的成立，而所有此前回国的中国留法学生都是该学会的创始成员。Painlevé 的代表团中还有一位数学家 Emile Borel（1871—1956），时任巴黎高等师范学校校长，他在中国科学社发表了关于教育问题的富有启发的讲演。

在 Painlevé 和 Borel 之后，1935 年以前没有发现法国数学家访华的记录。16 年以后，Hadamard 踏上了访问中国的旅程。

2. 数学大师 Hadamard

Hadamard 访华时已年近七旬，是蜚声国际数学界的学术泰斗。

Jacques Hadamard[1)]

Hadamard 早期的数学贡献集中于解析函数论。他的博士论文“泰勒展式所定义的函数的研究”（*Essai sur l'étude des fonctions données par leur développement de Taylor*）（1892），首次将集合论引进复变函数论研究，沿此方向得到的一系列重要结果，至今仍是函数论的基本内容。

以整函数理论为基础，1896 年，Hadamard 证明了著名的素数分布定理，这使他彪炳于 19 世纪解析数论史册。

在复函数论方面的开创性工作之后，Hadamard 的研究兴趣转向实域。特别是在偏微分方程方面，他明确了定解问题的含义，完善了适定性要求（解的存在性、唯一性和对数据的连续依赖性），提出了基本解的概念作为统一处理不同类型方程的有力工具。Hadamard 不愧为二阶线性偏微分方程理论的奠基者和开拓者。

Hadamard 在泛函分析领域也卓有建树。他的《变分学教程》（*Leçons sur le Calcul des Variations*）是泛函分析的奠基著作之一，是他建议用“泛函”一词代替“线函数”。Hadamard 的科学贡献是多方面的，除了解析函数、数论、微分方程和泛函分析，还涉及实变函数、代数、概率论、几何、拓扑学、力学、教育心理学、数学史等，甚至在生物学方面，他对羊齿类植物标本的丰富收集也令人钦佩。

Hadamard 是一位具有正义感的高尚学者，对中国人民和中国学者始终

[1)]此照系 Hadamard 赠吴新谋之纪念品，吴先生生前将其翻拍扩印转赠李文林一枚留存。——作者注

怀有友好的感情。在中国的抗日战争期间，他在巴黎积极参加支援中国人民的运动。他有两个女儿，都是法共产党员。他的三个儿子，两个在第一次世界大战中牺牲，小儿子也在第二次世界大战中牺牲于北非。

Hadamard 毕业于法国数学家的摇篮巴黎高等师范学校，1892 年获法国国家博士学位后曾任教于巴黎比丰中学、波尔多利学院和巴黎大学。1909 年起任法兰西学院教授，直到 1937 年退休。Hadamard 于 1912 年当选法国科学院院士，并且是英国皇家学会会员和美、苏、意等多国科学院院士。Hadamard 访问清华大学是在他正式退休的前一年。

3. 访问清华始末

Hadamard 到清华大学访问讲学，系由清华大学和中法文化基金会合聘。实际负责联系和出面邀请的是时任清华大学算学系主任的熊庆来教授。熊庆来此前曾两次留学法国，并于 1934 年获得了法国国家博士学位，研究领域恰恰也是解析函数论（整函数与亚纯函数）。他积极促成 Hadamard 访华是很自然的事。

Hadamard 于 1936 年 3 月 22 日偕夫人乘亚洲皇后邮轮抵达上海，在沪逗留期间参观了中央研究院，并应中国科学社、中国数学会等之邀在交通大学做了公开讲演，还受到蔡元培先生的欢迎宴请。Hadamard 夫妇离沪后先顺道访问日本，复于 4 月 7 日抵塘沽港，换乘火车于当日到达北京，清华大学校长梅贻琦、理学院院长叶企荪、算学系主任熊庆来均亲至车站迎接，可见清华对 Hadamard 此次访问之重视。

Hadamard 和 Wiener 与清华大学算学系教师合影。前排左起：郑之蕃，杨武之，Hadamard，Wiener，熊庆来，赵访熊。第二排右一：吴新谋。后排左二：庄圻泰

Hadamard 到清华落脚后，在后工字厅稍事休息即兴致勃勃参观校园，对学校设施颇有赞词。Hadamard 在清华的讲学分两个系列，一个是专门讲演，另一个则是通俗讲演。专门讲演题为“线性偏微分方程的柯西问题”，从 4 月 10 日开始，基本是每周三、五下午 4:00—5:00 举行，前后共讲了 20 次，听众为数学专业的师生；通俗讲演题为“自反几何”，于 5 月 10 日（星期日）开始，每周一次，无须高深预备知识，听者甚众。

Hadamard 讲学期间，恰逢清华大学建校 25 周年。4 月 26 日上午，Hadamard 出席了全校纪念大会，并应邀做了题为“关于数学的作用的思考”（Some reflection on the role of mathematics）的公众讲演，受到热烈欢迎。当时报道称：“历时 40 余分钟方毕，言简意长，诚属名家风度云。”

Hadamard 的讲学于 6 月 25 日结束。离华前夕，北平研究院借该院物理研究所举行茶话会招待 Hadamard 伉俪，到会者有冯祖荀、江泽涵、赵进义、饶毓泰、杨立奎等数理界人士 40 余人。会后还由当时的物理研究所所长严济慈和化学研究所所长刘为涛陪同参观了这两个研究所。

Hadamard 对清华大学的访问在时间上与另一位来访者——美国麻省理工学院（MIT）教授 Norbert Wiener（1894—1964）有所重叠。后者于 1935 年 8 月抵达清华，1936 年 5 月离开北京。两位学者及家属在一起度过了共同的愉快时光，对此 Wiener 在其自传体著作《我是一个数学家》（*I am a Mathematician*）中有生动的记述，这里仅摘引其中一段有趣的插曲：

“我们常常钻进外城（相对于长方形的内城而言）曲折脏乱的胡同，在古董商店里闲逛淘宝。在那里我们偶尔会看到一些前人的画像，画的是身份显贵的男女，姿态生硬，双手置膝，身穿华丽的丝绸长袍 …… 有一次我们发现一幅肖像居然很像 Hadamard 教授本人，疏朗的胡须，鹰钩鼻，容貌俊美，很容易从熙攘的人群中将其一眼认出 …… 我们买下了这幅画并送给了 Hadamard 教授，他非常高兴，然而我们觉得 Hadamard 夫人并不喜欢。”

4. 影响绵长

Hadamard 和 Wiener 对清华大学的访问，不仅对清华大学，而且对整个中国数学界产生了积极、深远的影响。除了他们的讲演向师生们展示了当时的数学前沿，更重要的是他们与青年学子的接触引导了一批杰出数学家的成长。这里仅举与 Hadamard 有关的几个例子。

华罗庚（1910—1985）。Hadamard 讲演的听众中有一位只有初中文凭的青年助教，他就是几年前被熊庆来从偏僻的金坛县调来清华的华罗庚。在熊庆来向 Hadamard 介绍的所有数学系教师中，华罗庚职位最低。但当 Hadamard 了解到华罗庚正在研究 Waring 问题时，即建议他注意 Vinogradov 的工作，并亲自介绍华罗庚与 Vinogradov 通信。此举与 Wiener 向 Hardy 推荐华罗庚一样，对于华罗庚的学术前途具有决定性影响。给华罗庚带来世界声誉的专著《堆垒素数论》(*Additive Number Theory*)，正是通过 Vinogradov 而首先在苏联科学院出版的。

庄圻泰（1909—1997）。1934 年进入清华大学理科研究所算学部作为熊庆来的研究生的庄圻泰，不仅听了 Hadamard 的讲演，而且参加了讲演课的考试，圆满解答了 Hadamard 出的题目，得到 Hadamard 很高的评价。庄圻泰从清华研究生毕业后，即公费留学法国，在巴黎大学 G. Valiron 教授指导下研究亚纯函数理论。庄圻泰在巴黎虽未直接师从 Hadamard，但却定期参加 Hadamard 在法兰西学院主持的讨论班，其博士论文也在该讨论班得到介绍。庄圻泰后来成为我国著名的函数论专家。

Hadamard 最后一部著作，中国科学院数学与系统科学研究院图书馆存

吴新谋（1910—1989）。在 Hadamard 清华讲演的听众中，后来与 Hadamard 关系最为密切的无疑是吴新谋。吴新谋当时在算学系任教，并在熊庆来先生指导下研习微分方程论。1937 年吴新谋公费留学法国，先研究黏性流体力学，后转而直接在 Hadamard 指导下从事偏微分方程论研究。吴新谋于 1951 年回到中国，成为新中国偏微分方程事业的奠基人，他的研究和著述中渗透着 Hadamard 思想的影响。吴新谋在留法期间就陆续承担了 Hadamard 清华讲演稿的整理工作。在他的推动下，中国科学院与 Hadamard 教授签订合同出版了专著《偏微分方程论》(*La Théorie des Équations aux Dérivées Partielles*)。该书正是在 Hadamard 1936 年清华讲义基础上增补了大批新材料撰写而成。《偏微分方程论》于 1964 年 11 月由科学出版社正式出版，不幸此时 Hadamard 已与世长辞。吴新谋在为该书起草的“出版者的话”中写道：

“当代数学界耆秀，法国科学院院士，Jacques Hadamard 教授在偏微分方程理论方面贡献很大，这是众所周知的。Jacques Hadamard 教授以九十开外之高龄犹奋力著作，写出此书，在他的名著《柯西问题和线性双曲型偏微分方程》(*Le Problème de Cauchy et les Équations aux Dérivées Partielles Linéaires Hyperboliques*) 的基础上，较全面地阐述了在该书出版后的有关理论的进展，其中包括作者晚年的若干研究成果。作者一向对中国人民有深厚友谊，因而乃将这部书稿寄交我社首次出版。正值本书付印时，惊闻 Hadamard 教授逝世，我们深表悼念，并对他竟未及亲见本书之出版感到很大的遗憾。”

参考文献

[1] 科学新闻,《科学》1936, 20(2, 5, 7, 8).

[2] 李文林, 陆柱家. 吴新谋, 中国现代科学家传记 (第 4 卷) [M]. 北京: 科学出版社, 1993: 20–26.

[3] 吴新谋. 阿达玛, 世界著名数学家传记 [M]. 北京: 科学出版社, 1995: 1233–1239.

[4] 吴新谋. 在阿达玛教授访华 50 周年纪念会上的讲演 [Z]. 1985 (未正式发表).

[5] 闻国椿. 庄圻泰, 中国现代数学家传记 (第 2 卷) [M]. 南京: 江苏教育出版社, 1995: 141–149.

[6] J.~Hadamard, *La théorie des équations aux dérivées partielles* [M]. 北京: 科学出版社, 1964.

[7] Wenlin Li, Jean-Claude Martzloff. *Aperçu sur les échanges mathématiques entre la Chine et la France* (1880–1949) [J]. Archive for History of Exact Sciences, 1998, 53(3–4): 181–200.

[8] N. Wiener, *I am a Mathematician* [M]. New York: Doubleday, 1956.

前进的标杆

Gerhard Hochschild（1915—2010）（下）

流程编辑：Walter Ferrer Santos，Martin Moskowitz

译者：洪燕勇，杨一超，张永，童纪龙

Andy Magid[1)]

Hochschild-Mostow 群

Gerhard Hochschild 因为他在同调理论以及谱序列的杰出贡献而广为人知（后者也同时以 Serre 命名）。在数学上，另一个以他的名字命名的代数名词——Hochschild-Mostow 群，可能就没有这么有名了。在这篇回忆录中的这个章节，由我带领广大读者一起分享这个优美且重要的构造过程。

Hochschild-Mostow 群是一个从群范畴到投射仿射（pro-affine）代数群范畴的函子。更确切地说，令 G 是一个解析群、代数群或者有限生成群。我们考虑所有的复表示 $\rho: G \to \mathrm{GL}_n(\mathbb{C})$，其中如果 G 是解析群或者代数群，那么我们还要求态射 ρ 也是解析的或者代数的。那么群 G 的 Hochschild-Mostow 群 $A(G)$ 是一个复仿射代数群，并且存在同态 $P: G \to A(G)$ 使得对于任何形如上文的表示 $\rho: G \to \mathrm{GL}_n(\mathbb{C})$，都有唯一的代数表示 $\widehat{\rho}: A(G) \to \mathrm{GL}_n(\mathbb{C})$ 使得 $\hat{\rho} = \rho \circ P$。当然，通过与态射 P 复合，由 $A(G)$ 的一个代数表示，都可以得到群 G 的一个表示。如果群 G 是解析的或者代数的，那么通过这样方式得到的群 G 的表示也相应是解析的或者代数的。因此，群 G 的表示论和群 $A(G)$ 的表示论是同一回事。

由定义可知，投射仿射代数群是一些仿射代数群的投射极限，并且对应逆向系统中的转移映射都是满的。这样，这个逆向系统中仿射代数群的函数环就形成了关于环的正向系统，前面提到的投射仿射代数群的函数环则是这个正向系统的正向极限。因为每个仿射代数群的函数环是一个交换 Hopf 代数，因此投射仿射代数群的函数环，作为它们的正向极限，也是个交换 Hopf 代数。反之，在一个域上，任何一个交换的 Hopf 代数都是其有限生成子 Hopf 代数的正向极限。进一步，在一个特征为零的代数闭域里，这些有限生成的子 Hopf 代数对应的仿射代数群则形成了一个逆向系统，并满足其中的转移映

[1)]Andy Magid 是俄克拉荷马州立大学的 George Lynn Cross 数学教授。他的邮箱是 amagid@ou.edu。

射都是满射。因此在复数域上，副仿射代数群和交换的 Hopf 代数是互为对偶的两个概念。所以在引入和讨论 $A(G)$ 的文章中，作者们都是将 Hopf 代数作为基本研究对象。

当然前面说的作者指的就是 G. D. Mostow 和 Grehard P. Hochschild。他们合作的著作都发表在 1957 年至 1969 年的《美国数学杂志》上，在这些工作中，他们强调了群 G 代表函数（representative function）的概念。这里，群 G 代表函数指的是 G 上的一个复值函数 $f: G \to \mathbb{C}$ 使得所有通过 G 中元素左平移（或等价的右平移，抑或双边平移）得到的函数全体可以张成复数域 $\mathbb{C}$ 上的一个有限维线性空间。这里，如果 G 是解析的或者代数的，那么我们也相应要求 f 也是解析的或者代数的。例如，表示 $\rho: G \to \mathrm{GL}_n(\mathbb{C})$ 的矩阵系数函数就给出了这种代表函数的一些例子，并且事实上，每个代表函数都可以通过适当的表示的矩阵系数函数得到。

我们记 $R(G)$ 为群 G 的所有代表函数的集合。作者证明了集合 $R(G)$ 可以赋予一个 Hopf 代数结构，所以由上面的讨论可知，它对应了一个投射仿射代数群，即我们所说的 Hochschild-Mostow 群 $A(G)$。事实上，作者通过一种更直接的方式引入了 $A(G)$：G 通过右平移作用在 $R(G)$ 上，这样 $A(G)$ 就可以看成是 $R(G)$ 的与群 G 的右平移作用相交换的所有复代数自同构形成的群（按照作者最初的术语，这种类型的自同构被称作是 $R(G)$ 的一个恰当自同构（proper automorphism））。

所以说，这套理论完全可以只通过代表函数代数 $R(G)$ 以及它的恰当自同构群来描述。注意，通过这种框架，我们并不需要 Hopf 代数或者投射仿射群的方法。关于这一点，与 20 世纪 50 年代和 60 年代这些文章的读者一样，现在的读者也能欣赏到其中的奥妙。

他们早期文章的最重要的贡献就是当 G 是解析群时，对 $A(G)$ 给出了完整的描述。他们证明了，在这种情况下，$A(G)$ 是群 H 和 T 的半直积，其中 T 是一个投射环面（pro-torus），H 是一个解析群，并且在群 H 上可以赋予一个代数簇结构使得群 H 的所有左平移映射都是代数簇之间的态射（但在这个代数结构下，是 H 上的右平移映射未必是代数簇态射）。直观上，很容易知道为什么需要这些概念（投射环面及左代数群）。事实上，利用代数 $R(G)$ 来解释这些现象要相对简单许多，这也就是 Hochschild 和 Mostow 在他们文章中所做的：他们证明了，我们可以把 $R(G)$ 写成一个张量积 $R \otimes Q$ 的形式，其中 R 是 $R(G)$ 的一个有限生成子代数且在右平移下保持不变，Q 则是一个无限维有理数域上线性空间的群代数。

当 G 是仿射代数群时，$A(G)$ 的描述则更容易给出：在这个情况下，态射 $P : G \to A(G)$ 是一个同构。当 G 是紧致拓扑群，且考虑取值为实数的连续代表函数时，尽管这种情形并不在我们前面的讨论框架之内，但是仍然可以证明对应的态射 P 是个同构。Hochschild 在他的《李群的结构》（*The Structure of Lie Groups*）一书中证明了这个结论，并且他还指出，这给出了理解 Tannaka 对偶定理的一种方式。

更一般地，Hochschild-Mostow 群和 Tannaka 范畴的 Grothendieck-Saavedra 理论有着紧密联系：由有限维复 G 模组成的范畴 C 是一个张量 Abel 范畴，$\mathrm{Hom}_G(-, R(G))$ 则可以看成是范畴 C 的一个纤维函子。这样，这个纤维函子的张量自同构群则给出了代数 $R(G)$ 的恰当自同构群，即 $A(G)$。

当 G 是有限生成群，$A(G)$ 的结构比 G 是代数的或者解析的情况要复杂，尽管在此情形下的研究已经有了丰富的成果。这些工作由众多数学家在各种不同的框架下得到，但大体上都是关于 $A(G)$ 的投射代数完备化的一些变体。术语 Hochschild-Mostow 群最初是由 Alexander Lubotzky 在他的博士论文中引入的（Bar-Ilan 大学，1979，Hebrew）。在那里，他通过 Hochschild-Mostow 群来给出 Tannaka 对偶性质和离散群的同余子群性质之间的关系。直到现在，Lubotzky 和他的学生以及合作者（包括我在内）仍在继续研究当 G 是有限生成时群 $A(G)$ 的结构。

最后以一个颇私人的注记来结束：在 20 世纪 70 年代，我偶然发现左代数群可以应用到特征标 p 下仿射代数群的万有平展覆盖的研究。（我的）一项研究计划的评审向我建议了 Hochschild 的复左代数群以及 Mostow 的工作。在我试图用几何的语言来理解他们工作的时候，我发现可以在复解析群的情况下得到一个更进一步的结果。在旧金山举行的 AMS 会议上，Hochschild 以前的一个学生带我去拜访了他，这最终导致我于 1980 年春季在伯克利度过了整个学术假期。当时，我的办公室恰好在通向 Gerhard 办公室的大厅里。我们每天的傍晚都会讨论数学和其他的话题。尽管 30 年前的 Gerhard 和我现在同岁，他的精力和热情仍是那么令人难忘，他对待晚辈的慷慨仁慈同样令人印象深刻。我相信就是在那个时候他告诉我（这距离他去美国俄克拉荷马州立大学去参加会议已经是好几年之后的事情了），在二战期间，在他驻扎在美国俄克拉何马州的 Ft. Still 的时候，他和部队里的其他非美国公民士兵被送往美国法院宣誓成为美国公民。从此以后，我很骄傲地说 Gerhard 是美国俄克拉荷马州的公民。当然，他是全世界的公民。我们所有人无论是因为私交而认识他，还是因为数学而认识他，都为之骄傲。

G. D Mostow[2)]

作为合作者的 Gerhard Hochschild

Gerhard Hochschild 是在 1938 年 9 月到达普林斯顿的。在此之前，他在南非开普敦大学取得了硕士学位，在那里，他主修了数学和物理两个学科。但他后来决定放弃物理。Gerhard 曾经说过："我可以和最优秀的物理学家一样提升和下降张量的指标，但是我发现数学更让人满意。"他选择了 Claude Chevalley 做他的导师，并用三年半的时间完成了博士论文。此后，他去了美国军队服兵役。战后，他回到普林斯顿待了半个学年，并且于 1956 年，在高等研究院访问了一年。

我和 Gerhard Hochschild 第一次见面就是在高等研究院里。那段日子里，在研究院的每个人都会在下午茶时间聚在一起，热情地相互讨论各自的研究工作。

关于 Gerhard，如果不谈及他那非凡的魅力，那么就不能对他有较为全面的了解。他非凡的魅力部分来自于他对所有大型组织的伪善面孔的各种批评。在军队里，尽管他只是个新近的移民，他的战友们还是对他的各种离经叛道的批评言论留下了深刻的印象。所有这些，我都是从著名的几何测度论专家 Herbert Federer 那得知的，因为那个时候，他也在阿伯丁试验场中 Gerhard 所在的部队里服役。

一般而言，他待人处世极为宽容。作为一名曾在柏林长大的青少年，他也曾经遭受过针对犹太人的不公正待遇。比如说，他曾经被纳粹暴徒纠缠和欺辱，而旁边的警察却视若无睹。尽管他坚决表示不会再回德国，但是他也决不会让他的这种个人感情影响他与别人的人际关系。就拿 Friedrich Hirzebruch 教授夫妇来说，Gerhard 和他们保持了长久的友谊，Gerhard 和他们最初的相识则要追溯到 20 世纪 60 年代早期，Hirzebruch 夫妇访问在伯克利的加州大学的时候了。

Gerhard 确实也有一些个人标准是任何事情都无法动摇的。比如说，我拜访过很多次他的摄影室，他向我展示的风景作品大部分都是关于各种形状的灰色石头。他从来没有向我展示过有人物的或者是有丰富色泽的照片。他向我展示过很多类似的照片，在我看来很多都是重复的。但是，对于他而言，这一张张的照片彰显着他一次又一次的接近完美的努力。在他看来，没有这样的努力，就意味着一种妥协，都会让他感到很失望。

Gerhard 对苛刻完美的追求还体现在他为研究生编写的《李群》这本教科书中。用他的导师 Claude Chevalley 的话说，Gerhard 是苦行思想的非妥

[2)]G. D. Mostow 是耶鲁大学的荣誉退休数学教授。他的邮箱是 george.mostow@yale.edu。

一张典型的 Hochschild 风格的风景照

协者。

我和 Hochschild 的数学研究的合作始于 1957 年，当时我们都是高等研究院的成员。那时，我们的数学背景是截然不同的：Gerhard 当时已经发表了关于双模、结合代数的上同调以及上同调在数论的应用方面的文章；我在那之前发表的文章都是关于李群的几何性质，这些和 Gerhard 此前的工作没有什么交集。而且，我们的性情也是大相径庭，所以很难想象，最终我们会一起合作了 17 篇文章。

在 Gerhard 发表了关于双模的理论以后，他开始考虑如何将他的这些早期结果和 Tannaka 对偶联系起来，而这正好就成为我们合作的契机。最初开始合作的时候，他对 Tannaka 对偶定理特别感兴趣，这一结果被很仔细地整理发表在 1946 年 Claude Chevalley 出版的《李群理论》（*Theory of Lie Groups*）一书中。但在那里唯一的缺憾就是，“对偶”中的乘法定义并不是直接给出，应当存在一种更加令人满意的处理方式。

Tannaka 对偶的最初出发点是想将 Pontryagin 对偶推广到更大的一类李群。为了从数学上给出关于 Tannaka 对偶的准确描述，我们首先需要明确一些基本的定义。

令 X 是集合，G 是群，k 是一个域。令 $F = F(X, k)$ 为一 k-函数，其元素均是定义 X 上取值于 k 的函数。根据定义，群 G 在集合 X 上的一个左作用就是一个映射

$$\mu : G \times X \to X,$$

使得对任意 $(a_1, a_2, x) \in G \times G \times X$，我们都有如下的等式 $\mu(a_2, \mu(a_1, x)) =$

$\mu(a_2a_1, x)$。

相应地，一个群 G 在集合 X 上的一个右作用则是一个映射

$$\nu : X \times G \to X,$$

满足对于所有的 $(x, a_1, a_2) \in X \times G \times G$，有 $\nu(\nu(x, a_1), a_2) = \nu(x, a_1a_2)$ 成立。

对 G 在 X 上的任何一个左作用 μ，取 $f \in F$ 和 $a \in G$，令 $(f \,.\, a)$ 为满足如下定义的 X 上的函数：对所有的 $x \in X$，定义 $(f \,.\, a)(x) = f(\mu(a, x))$。现我们假设，对于所有的 $f \in F$ 和 $a \in G$，有 $f \,.\, a \in F$。这样，我们就得到了群 G 在集合 F 上的一个右作用 $(f, a) \mapsto f \,.\, a$。

同样地，对 G 在集合 X 上的任何一个右作用 ν，取 $f \in F$ 和 $a \in G$，定义 $(a \,.\, f)$ 为如下函数：$(a \,.\, f)(x) = f(\nu(x, a))$。假设，对于所有的 $f \in F$ 和所有的 $a \in G$，我们有 $a \,.\, f \in F$。容易验证，映射 $(a, f) \mapsto a \,.\, f$ 给出了 F 上的一个左作用。

映射 $f \to f \,.\, a$ 和 $f \to a \,.\, f$ 分别叫作 f 的右平移子和左平移子。

一个 k-值函数 f 称为**代表函数**（representative function），如果 f 的所有右平移函数 $\{f \,.\, a, a \in G\}$ 生成 k 的一个有限维线性子空间。

有了这个定义，下面这个定理是显而易见的：一个 k-值函数 f 是代表函数当且仅当 f 的所有左平移函数可以生成 k 的一个有限维线性子空间。同样地，类似的结论对于右平移函数生成的空间，或者更进一步，关于双边平移函数生成的空间也是成立的。

令 $\mathrm{Repr}(G)$ 表示 G 的所有代表函数的集合，它是一个环。一个环 $\mathrm{Repr}(G)$ 的自同构称作恰当的（proper），如果这个自同构与 G 定义的所有右平移算子交换，并且以所有常值函数为不动点。例如，$\mathrm{Repr}(G)$ 上的任何一个左平移算子都是一个恰当的自同构。

令 $A(G)$ 是 $\mathrm{Repr}(G)$ 上所有恰当自同构的集合，则 $A(G)$ 通过映射的复合运算形成一个群。

这样，我们得到 Tannaka 对偶的如下等价描述：如果 $k = \mathbf{R}$ 且 G 是紧致李群，则 $A(G)$ 是 G 的所有左平移算子组成的群。

通过这个等价描述可以得出很多结果。例如，如果 $k = \mathbf{C}$，则 $A(G)$ 是 G 的万有复化（universal complexification）。并且，环 $\mathrm{Repr}(G)$ 是 Hopf 代数。我们还可得到关于 G，$A(G)$ 和 $\mathrm{Repr}(G)$ 三者之间很多有意思的联系。比如说，这些联系在 Alex Lubotzky 关于离散子群的研究中大有作为。

在我们长期的合作中，基于对投射代数群 $A(G)$ 的研究，我们得到了许多结果。Alex Lubotzky 把函子 $G \to A(G)$ 命名为 Hochschild-Mostow 函子。

很高兴值此机会能让我回忆这么多年来和 Gerhard 共同合作的点点滴滴，以及我们之间那深厚的友谊。

Walter Ferrer Santos[3)]

对 Pierre Cartier[4)]的采访

2010 年 11 月 22–27 日，笔者和 Pierre Cartier 一起参加在阿根廷 Córdoba 举办的“第二届数学史会议”。借此机会，笔者访问了 P. Cartier, 下面则是这次访问的纪录。

Walter Ferrer：Pierre Cartier 教授，请问您第一次见 Gerhard Hochschild 是什么时候呢？

Pierre Cartier：在我的记忆中是 1951 年 6 月，那时我还是法国巴黎高师一年级的学生。我那一年的导师 Henri Cartan 和 Samuel Eilenberg 邀请我去参加由 Bourbaki 小组组织的一次闭门会议。会议是在阿尔卑斯山脉的一个小的休假胜地 Pelvoux 举行。在那里，我第一次见到了诸如 C. Chevally，J. Delsarte，J. Dieudonné 和 A. Weil 这些 Bourbaki 学派的建立者。这些资深的与会者让我去火车站接 Gerhard，因为他坐的是晚上到达的火车[5)]。我记得那次会议主要的讨论内容是李群和交换代数，其中李群的讨论是基于 Laurent Schwartz 的一份手稿。Hochschild 对这两方面非常感兴趣。

WF：您可以告诉我 Gerhard 在 Bourbaki 小组后来组织的所有会议中的一些情况吗？

PC：根据 Bourbaki 的时间安排，他分别在 1952 年 6 月和 1954 年 8 月再次参加了会议。人们告诉我，1954 年的那次大会，他是和妻子 Ruth 以及 John Tate 一起参加的，并且当时他们被旅店老板戏称为“一位女士和她带着的两个美国人”。我并没有参加这两次会议，但后面 Chevalley 告诉我 Gerhard 参加了这两次会议，并对会议中的议题有着浓厚的兴趣。在那个时期，Bourbaki 学派对交换代数（包括 Serre 和 M. Auslander 引入的新的同调方法）和李群是十分感兴趣的。也就是在那个时候，J.-P. Serre 与 Hochschild 合作，发表了关于现在被称为 Hochschild-Serre 谱序列的两篇文章。顺便提一下，J. P. Serre 到目前为止仍是 Bourbaki 学派中非常活跃的一员。

[3)]Walter Ferrer Santos 是 Univ. de la República（位于乌拉圭首都 Montevideo）的数学教授。他的邮箱是 wrferrer@cmat.edu.uy。

[4)]Pierre Cartier 目前是法国 CNRS 的荣誉退休主任级研究员。他隶属于巴黎 Diderot 大学和 IHES。他的邮箱是 cartier@ihes.fr。

[5)]Hochschild 曾经提到过在会议上见到 Pierre Cartier 的情形。他说他很惊讶当他抵达车站的时候是这么稚嫩的一个年轻人来接他，而且还参加了会议的所有讨论。

WF：当他在厄巴纳或者伯克利的时候，您后来有再见过他吗？

PC：关于我和他的见面，有两次我记得非常清楚。第一次是在 1957 年秋天，在他离开普林斯顿高等研究院不久，我访问了高研院。Dieudonné 那个时候正在西北大学任职，邀请我去访问芝加哥地区，其中也包括了厄巴纳在内。在厄巴纳，有两个人给我留下深刻的印象：一个是著名的概率学家 Joseph Doob，他在厄巴纳工作直到 1978 年退休；另一位就是 Gerhard Hochschild，他那时也在大学里任职。那段时间，数学界对代数群产生了极大的兴趣，而我则恰好参加了著名的 Chevalley 讨论班，从而我们在这方面展开了广泛而深入的讨论。在这个时候，Gerhard 给我看了他的关于代表函数的一系列论文中的第一篇文章[6]。那时，我正好于 1956 年刚发表了一篇关于代数群的 Tannaka 对偶的简短文章[7]。此后，从这个角度，我们对代数群进行了深入的探讨。

我第二次见到 Gerhard 则是 1984 年在伯克利。那个时候，他刚刚退休，但是我们在数学上仍有许多共同的兴趣。我记得当时他很骄傲地向我展示了他自己设计的微型火车。这个火车设计非常复杂，他把它建在埃尔塞里托家里的地下室里。在我看来，这个火车是 Gerhard 那精确而又准确的头脑的具体体现。

我还记得他参加了那次我在 MSRI 组织的关于循环上同调的讨论班。讨论班结束的那天，因为我要出发去亚洲，他送我去机场。不巧的是飞机晚点了，但我们也得以一起欣赏了一次非常棒的日落。

WF：在您的个人学术研究生涯中，Hochschild 给您带来什么样的影响呢？

PC：在我们最开始几次接触的那段时间里，我受同调代数方法影响很深，尤其是在听了 Henri Cartan 的一些报告，以及他与 Eilenberg 合写的、现在已然成为经典的《同调代数》(*Homological Algebra*) 一书出版之后。在 1955 年的秋天，我构造了余代数的上同调理论，这期间 Mac Lane 也听取了我的一些学术报告。这个理论可以看成是 Hochschild 关于现在被称为 Hochschild 上同调理论的对偶：Hochschild 的理论是关于代数以双模为系数的上同调理论。那时，我非常贪婪地阅读了他所有关于同调代数的文章，与此同时，A. Weil 也曾经很热心地向我提到过 Gerhard 和 Nakayama 的关于同调方法在类域论中的应用。接着，在我的于 1958 年 9 月答辩的博士论文中，我关心的主要是在特征为 p 的情况下，李代数和代数群的相关问题。在论文的完成过程中，他在这个领域中的文章给了我很大的启发。我还想提一点，在 20 世纪 50 年

---

[6]这篇文章标志着与 G. D. Mostow 长期合作研究数学的开端。

[7]Cartier 指的是文章“*Dualité de Tannaka des groupes et des algèbres de Lie*”, C. R. Acad. Sci. Pairs, vol.242(1956), pp.322−325。

代末期，我正在服兵役，因此在此期间的三年之内不可以出国。于是，在那段时间里定期访问美国的 J.-P. Serre 就成了我和 Gerhard 之间的联系纽带。

WF：在很多次谈话中，Gerhard 都告诉我您是第一个向他介绍 Hopf 代数的人。您能告诉我们当时的情况吗?

PC：我关于 Hopf 代数的研究工作早于我的毕业论文，而且它和前面提到的上同调理论之间有着密切的联系，尽管这些都并没有很明显地体现在我的博士论文里。我想，我在这方向的主要发现就是，为了将 Hopf 代数理论的威力在代数群和李代数这一范畴发挥得淋漓尽致，我们需要放宽在这一领域被大家所熟知的各种限制，例如交换性以及关于分次的条件[8)]。我估计，当我们在厄巴纳讨论他关于代表函数的文章的时候，我向他提及了在这种情况下利用 Hopf 代数的可能性。

WF：您还有其他的关于 Hochschild 的事情想要与我们分享吗?

PC：我想要说的是，尽管我们私交不是很频繁，但我们还是有着定期联系，在他的整个数学生涯中，他经常将他的论文寄给我看，那些知识曾经让我废寝忘食。关于 Gerhard 在南非的青年时期，我想要说的是，我在法国的母亲曾经帮助过很多从纳粹的魔掌中逃出来的德国和澳大利亚犹太人。这些年我一直能够收集到来自加拿大、以色列和南非的邮票，这些都是从我母亲和她曾经救助过的流亡者的信件往来中得到的。有的时候，我就在想，说不定这里面有些是 Gerhard 或者他的家人寄来的呢。

Gerhard Hochschild 的著作

The Structure of Lie Groups, Holden-Day Series in Mathematics, San Francisco-London-Amsterdam: Holden-Day, Inc. (1965).

A Second Introduction to Analytic Geometry, San Francisco-Cambridge-London-Amsterdam: Holden-Day, Inc. (1968).

Introduction to Affine Algebraic Groups, San Francisco-Cambridge-London-Amsterdam: Holden-Day, Inc. (1971).

Basic Theory of Algebraic Groups and Lie Algebras, Graduate Texts in Mathematics, 75, New York-Heidelberg-Berlin: Springer-Verlag (1981).

Perspectives of Elementary Mathematics, New York-Heidelberg-Berlin: Springer-Verlag (1983).

[8)] 我回想起 Henri Cartan 建议我在谈到这方面的时候不要过于“Bourbaki 主义”。

Calvin Moore[9]

Gerhard Hochschild 在伯克利的日子

Gerhard Hochschild 与伯克利的渊源可以追溯到 1955 年，那时他接受了一个在加州大学伯克利分校为期一年（1955—1956）的访问教授的职位。他一到就发现了一个特别的数学系，它与当今甚至 60 年代早期的伯克利数学系都有所不同。当时数学系很小，所有研究领域加在一起也只有 19 位成员。尽管小，数学系却也有相当的实力，其中还包含一个著名的概率统计组，但不幸的是这个组在 1955 年被并入新成立的统计系。该数学系在很多领域都具有很强的实力——分析，包括偏微分方程和泛函分析；计算数论；还有逻辑学。对于代数学，和几何与拓扑、场论等学科一样，尽管当时这些分支都处于快速发展中，但伯克利在这些方面还是有所欠缺。数学系期望在接下来的几年中，大力发展这些分支，以弥补这些缺憾。邀请 Hochschild——这位杰出的代数学家，就是这一发展计划的第一步。Hochschild 也的确在伯克利度过了愉快的一年。

但是，从过往的经验来看，数学系明白，由于地域的因素，想要把这些薄弱学科的资深学者永久地吸引到伯克利分校是十分困难的。进一步，在缺少资深学者的情况下，也很难吸引那些杰出的青年学者。尽管如此，在 1956 年，数学系还是成功地聘请到三位在这些领域颇有建树的助理教授——Emery Thomas，Bertram Kostant 和 James Eells。在 John Kelley 的领导下，系里确定了一个引进这些薄弱领域的资深学者的策略方针。在 1957 年的秋天，数学系开始联系 Hochschild 和 Maxwell Rosenlicht 两位教授，邀请他们在下一年（1958）以全职教授的身份加盟伯克利。与此同时，他们也被告知数学系也向对方发出了邀请。最终，这个策略被证明是成功的：两位教授都接受了邀请，从而他们便成了伯克利资深代数学家的核心力量。

在接下来的一年里，这项策略被应用到了几何和拓扑方面，数学系向 Edwin Spanier 和陈省身教授伸出了橄榄枝。他们两人都接受了邀请：Spanier 教授于 1959 年来到伯克利，而陈省身教授则由于事先的计划延缓一年到达。事实上，成功引进 Hochschild 和 Rosenlicht 两位教授到伯克利任职在某种程度上也增加了 Edwin Spanier 和陈省身教授来伯克利的可能性。进一步，在 1960 年，数学系又聘用了三名助理教授：Stephen Smale，Morris Hirsch 以及 Glen Bredon。就这样，截止到 1960 年，数学系的学者队伍由五年前的 19 人增加到了 44 人，这极大改善了数学系各个研究方向的均衡性，同时也为数学系提供了积极且充满活力的学术氛围。在这一改变中，关于 Hochschild 的

---

[9] Calvin Moore 是加州大学伯克利分校数学系的名誉教授，他的 Email 地址是 ccmoore@math.berkeley.edu。

位于海湾地区的一个破旧的屋棚，Hochschild 拍摄

任命和他最终加盟到伯克利起到了决定性的作用。

在 Gerhard 第一次到伯克利访问之前，他的研究兴趣有了一些变化。从原来的关于结合代数的同调和同调代数的应用，转向了类域论、李代数和李群（尤其是代数李代数和李群）和它们的线性表示及上同调，以及李代数和李群的扩张等方面的研究。在 1958 年 Gerhard 以全职身份加入伯克利之后，他发现 Bert Kostant 也对李代数和李群感兴趣，这些相同的兴趣促成了他们之间的合作，最终他们一起在李代数的上同调和微分形式方面发表了两篇论文。令人遗憾的是，Kostant 在 1961 年被麻省理工学院挖走了。同一年，笔者（Calvin Moore）作为一名新的助理教授来到了伯克利。我对拓扑群的上同调和扩张有着浓厚的兴趣，因为这一共同的兴趣，我和 Gerhard 之间有着非常多的讨论，尽管我们最终并没有一起发表过文章。

在接下来的 25 年里，Gerhard 在李代数、李群及其表示和上同调方面源源不断地写了大量重要的论文。在这些文章中，很多是和耶鲁大学的 Dan Mostow 教授合作完成的，这也体现了两人之间建立了科学职业生涯的合作和友谊。同时 Gerhard 对 Hopf 代数也产生了兴趣，并写了一些关于 Hopf 代数及其与李群之间的联系的文章。在加州大学伯克利期间，Gerhard 指导了 22 个学生的博士论文。终其职业生涯，他一共带了 26 个博士生，根据数学系谱的记录，他的门下共有 122 个弟子。由于他的卓越贡献，Gerhard Hochschild 入选了美国科学院和美国艺术与科学院院士。1980 年，美国数学协会授予他 Gerhard Steele 奖，用来表彰他的基础性和长期重要性的研究工作，尤其是他在 1945 年到 1952 年之间发表的关于同调代数及其应用的五篇论文。对此 Gerhard 表示，尽管他对美国数学协会授予他 Steele 奖感到非常荣幸，但由于个人原因，他还是不能接受 Steele 奖这一荣誉。为此，Gerhard 的一位朋友说过，其实这里的原因很简单：Gerhard 不相信大奖。

作为系里的一位资深代数学家，Gerhard 经常被要求对数学系的发展出谋划策。他的观点和建议总是聪明敏锐的，并带有其独特的讽刺性的机智。对于系里许多代数方向的青年学者来说，他还起着引路人和导师的作用，他的指导也得到了许多同事的大力赞赏。但是他始终对他称其为官僚学术的行为有深深的厌恶和鄙视。因此他总是坚持其独特的自嘲性的幽默，来防止那些试图让他接受例如数学系主任或副主任等管理方面职位的企图。

在很长一段时间里，Gerhard 是一位抽烟者，就算他最终成功戒烟之后，他有时仍然在他的手指或者嘴唇之间夹着一根熄灭的香烟，这可能是他对过去抽烟时光的一种怀念吧。有时当香烟被夹得太破旧时他也会换一根烟，但是他绝不会把它点燃了！

1982 年 7 月 1 日以前，伯克利规定学校的终身教授要在 67 岁之后接下来的 7 月 1 日强制性退休。到了 1982 年 7 月 1 日，要求强制性退休的年龄则被修改为 70 岁。由于 Gerhard 生于 1915 年 4 月 29 日，所以不适用于后面的新政策，他只能服从于以前的旧的强制性退休政策。Gerhard 把这一政策视为官僚学术的最坏体现。最后的结果是他于 1982 年 7 月 1 日退休，并在接下来的三年里参与了学校的分阶段退休计划。有时候他也去学校教课，直至 1985 年 7 月 1 日完全退休。

在伯克利的日子里，Gerhard 对风光摄影产生了越来越浓厚的兴趣，并把这一爱好保持了下来。他在摄影方面的造诣，主要是通过阅读摄影书籍而无师自通。他尤其被美国西南部的沙漠景观深深地吸引着。每隔一段时间，他就会带着他的摄影设备——包括一台 Hasselblad 4×4 可视摄像头进行探险，有时候为了合适的景色风光即使驾车千里也在所不惜，有的时候还会驻留一个月之久。尽管他经常去阿拉斯加，但是他最喜欢的地方还是东南部的犹他，同时还会去旧金山海湾。著名的加利福尼亚摄影师 Ansel Adams 是他的偶像和英雄，有的时候 Gerhard 的作品中也存有 Ansel Adams 的某些工作的影子。虽然 Gerhard 的朋友鼓励他去展示他的作品，但是他拒绝了所有这方面的努力。Gerhard 的摄影伴随了他几十年，但是在他生命的最后，他的身体已经不允许他继续那些长旅途的探险了。

在 2010 年 7 月 8 日，95 岁的 Gerhard 在女儿 Ann 的陪伴下在家中平静地去世了，结束了漫长而充实的一生。在那时，他由女儿 Ann、儿子 Peter 和两个孙子赡养。在此之前，他挚爱的妻子 Ruth 已于 2005 年先于他过世了。

Bertram Kostant[10]

追悼 Hochschild

1956 年我接受了加州大学伯克利分校的助理教授的职位。大约五年后我做出了一个痛苦的决定，离开伯克利担任麻省理工学院的全职教授。对于其苦恼之处，其中一个重要的原因就是它大大削弱了我与 Gerhard Hochschild 之间的紧密联系。

记忆中 Hochschild 是在 20 世纪 50 年代晚期来到了伯克利，从一开始我们俩便志趣相投。每次去数学系时，我都期待与他相处，不论在他烟雾弥漫的办公室，还是在吃午餐的时候。任何与数学相关或无关的话题，我们都能兴致勃勃地进行讨论。即使对于某个话题我们有着巨大的分歧，他的个人魅力总使得我不会因为和他在一起而感到懊恼。

2003 年的 Gerhard

在数学方面，我们合作过两篇论文，稍后我会简要地提到。除了这两篇论文，我们都对新发展的代数群领域产生了兴趣。我们将注意力放在了 1956—1958 年 C. Chevalley 的讨论班 "On the Classification des groupes de Lie algébriques" 上。但是为了读懂这个讨论班中的内容，我们需要学习一些代数几何的知识。采用相互报告的形式，我们一起学习了 Chevalley 的一本基本教材 *Fondements de la Géométrie Algébrique*。令人高兴的是，我们的付出是颇有收获的。

我们合作的第一篇论文题为 "*Differential forms on regular affine algebras*"，它发表在 *TAMS* 102(1962)，No.3，383–408，合作者还有 Alex

[10] Bertram Kostant 是麻省理工学院数学系的名誉教授，他的 Email 地址是 kostant@math.mit.edu。

Rosenberg。它的主要结论（HKR 定理）现在仍然被频繁地引用，同时它在循环上同调的发展过程中起了至关重要的作用。在第二篇论文中，我们主要证明了对于某个复约化齐性空间，它的 de Rham 上同调能够仅仅通过全纯微分形式来计算。这个结果被 A. Grothendieck 引用，并用来得到一个非常有趣的、更加一般的定理。

Hochschild 不喜欢任何形式的典礼和学术颂扬。我认为这在他接受成为美国科学院院士的过程中有着极大的负面效应。尽管如此，他仍然拒绝妥协并指出了他成为院士的必要条件。在现代代数理论中，Hochschild 同调和 Hochschild 上同调是重要的研究对象，但是他拒绝任何关于他这项奠基性发现的小题大做。在其他事情上亦是如此，他以对抗这种形式主义行为、逆流而上为乐。我不得不承认对这种叛逆产生了由衷的共鸣，但是他比我还热衷于此。无论如何，我与他之间的友谊都是我这一生最愉快的经历之一。

George M. Bergman[11]

关于 Gerhard 的一些琐碎回忆

一直以来，我总是希望能够更好地认识 Gerhard，无论是数学上的还是生活中的。

曾几何时当我还是伯克利一名大四的学生时，我得到了我的第一个重要的数学结论（一个古老的环论问题的解答），然后我去 Hochschild 教授那里，他帮助我进行了投稿所必需的修改。当四年半后我以教员身份回到伯克利时，Gerhard 再一次友好地出现在我的面前。这些年来，他对我的论文稿提出了许多有用的意见。

他喜欢悲观地说：“如果我们真的幸福地生活着，那么我们实在不应该从事数学。”（我认为这是弗洛伊德对我父亲那一代产生影响的一个典型例子。）

作为伯克利数学系的一位摄影师，每过五年，我便会告知同事该重新给他们拍照了。近十几年，Gerhard 会答复我说“Bergman，你是不是在记录我们不断衰老的过程啊?”，但他从不拒绝我为其拍照。

他自己对摄影也颇感兴趣，记得有一次我叫他出来重拍的时候，他举着一个装有柯达产品的大信封，希望我把那个信封也拍到他的照片里去。虽然我不知道原因，但还是答应了。令人遗憾的是，最终照片没有把整个信封都包括进去。当我把照片给他看的时候，他为没有把产品的名字——Ultra Filter 拍进去而责备了我。

[11]George Bergman 是加州大学伯克利分校数学系研究生院的名誉教授，他的 Email 地址是 gbergman@math.berkeley.edu。

Gerhard 送给 Martin Moskowitz 的礼物，由计算机生成的一幅图片

Dennis Sullivan 在 2008 年来到伯克利做了一场演讲，但是那时候 Gerhard 已经退休很长时间了。对没有在他的演讲现场看到 Gerhard 教授，Dennis 感到很失望。他说："我想知道 Gerhard 教授是否知道这么多天来人们一直把 Hochschild 上同调当作'早餐'?"

不久前在图书馆中查看为 Anthony Joseph 生日所做的合集时，我注意到一段用拉丁语写的评价。其中一节是关于"Complexus de Rham-Koszul-Hochschildianus"的。对此我特意发邮件告诉 Gerhard 教授他已经被"拉丁化"了。

作为一名退休人员，按照规定要和他人共用一间办公室。有时我会想，那个人能否是 Hochschild。尽管那时他已经不经常来学校了，但每次他的出现都会是一段快乐的时光。可惜这也只是想想罢了。

Martin Moskowitz[12)]

一些回忆

第一次见到 Gerhard 是在 1962 年，那时候我正在参加加州大学伯克利分校的资格考试，而他正好担任那次考试的代数评委会主席。当得知考试通过，我便即刻询问他能否作为我的论文导师，他答应了，一贯慷慨大方的他为了这件事还推迟了他的休假。

Gerhard 的许多学生每周与他讨论一次，然后他会在学校的北面请喝咖

12)Martin Moskowitz 是纽约城市大学数学系的名誉教授，他的 Email 地址是 martin.moskowitz@gmail.com。

啡（事实上在许多年后，当他退休而我已经成为全职教授时，他仍然会坚持付账！）。在一次讨论中我发现了我论文里的一个漏洞（关于局部紧交换群的内容，因此每个论述都会有一个对偶陈述），我告诉他我会在下一周把问题修正好。当我把修改好的论文给他时，他问我为什么考虑对偶情形，并给我讲了一个故事。故事讲的是一个犹太母亲在他儿子生日时送给他两条领带。儿子下次去看望她的时候，正好系着其中一条。于是母亲问："难道你不喜欢另一条吗？" Ray Hoobler 几年后也成了 Gerhard 的学生，现在是我的同事，告诉过我 Gerhard 第一次开车送他回家的情境，Gerhard 频繁挥舞双手，兴致勃勃地和他讨论可选的论文题目，这不羁的做法吓坏了 Ray。

当我 1964 年完成我的论文时，Gerhard 简要地告知我将会去芝加哥。他说虽然那里的气候不是很好，但是那里的数学研究开展得很不错，所以我听从了他的建议。他总结说 20 世纪 60 年代是数学发展的黄金年代，课题研究活跃并且得到广泛的尊重。在他的记忆中，那也是数学界唯一一段经费充足的时期。

当几年后我回到伯克利的时候，他告诉我他已经成为 Bourbaki 学派的一员。他声称当他第一次去巴黎参加会议的时候，他让出租车司机带他去参观了埃菲尔铁塔——"因为这是当时他唯一会说的法语"。然而不久之后，我就了解到他的法语已经相当流利了。

Gerhard 提起他年轻时在高等研究院从事类域论的研究。在那里每天下午 3 点是下午茶时间，在这个时候，他会遇到 André Weil，Weil 会问他的工作进展情况。几个月后，他刚把自己研究的问题解决，便急不可待地冲去 Weil 的办公室告诉他这个消息。但还没等他开口，Weil 说道："你想说的全部包含在 Nakayama 1941 年的文章里。" Gerhard 不禁苦笑着说，"如果它没能杀了你，那么它就会使你变得更坚强"（我相信这或多或少源于一句尼采的箴言）。

在 20 世纪 70 年代某一阶段，Gerhard 在伯克利的遴选委员会中，职责在于从候选人中遴选出新的教员，选择的依据要参考管理部门提供的包括扶持行动政策（affirmative action policy）在内的指导性文件。随后 Gerhard 打电话给院长说，由于民族和种族的准则不能与数学混为一谈，他不能接受这项工作。在自己近距离了解纳粹党后，他对犹太人和雅利安人之间的数学差异已经了然于胸。但是他仍不能把民族种族因素作为选择新教员的条件之一。院长与之争辩说现在实行的政策与纳粹推行的消极种族歧视是有所不同的，当前政策的前景是积极良好的。Gerhard 认为这个解释理由不够充分，他无法接受，进而从委员会辞职。

当 Gerhard 65 岁生日的时候，我正好在伯克利，还参与了他的纪念论文集的编辑工作。那时候他刚好成为美国国家科学院的院士。他问我“怎样才能摆脱这些呢?”，对此我的答复是，“至死方休”。

1998 年我利用休假再一次访问了伯克利。一到那里我就向学院要求上网，结果被告知一个学期 50 美元，我同意了。然后我去了数学图书馆询问如何可以使用图书馆，那边告诉我一个学期要 100 美元，但是这已经包含了互联网接入。这时我幼稚地认为，我只需要另外付 50 美元就可以两者兼得，何乐而不为呢，但是事实不是这样的！前面 50 美元是支付给数学系的，而后面 100 美元是支付给图书馆的。当我把这件事告诉 Gerhard 时，他提议寄给他们一张 100 美元的支票来羞辱他们没有廉耻心。我说不需要麻烦了，因为一个没有廉耻心的人是不会感到羞愧的。

在 Gerhard 大量杰出的论文中，我仅仅对其中的一些有所了解。其中就包括和 Dan Mostow 合作的对于实李群和复李群的忠实表示的系列论文。在这些论文中，他们推广了 Ado 定理，因此是十分重要和独到的，所以在此有必要提及。关于代表函数的一般性研究，大家可以参考 Andy Magid 在他那篇文章中的讨论。

定理 令 G 是一个连通实或复李群。

当 G 是一个实李群时，G 有一个有限维光滑忠实表示当且仅当它的根和 Levi 因子有一个这样的表示。

当 G 是一个复李群时，G 有一个有限维全纯忠实表示当且仅当它的根有一个这样的表示（因为一个复半单群总有一个忠实表示）。

如果 G 是一个实（或者复）李群，并有一个忠实表示的 Levi 因子和一个单连通根，那么 G 有一个有限维光滑（或者全纯）忠实表示满足在幂零根上的限制是幂幺的。

我熟悉的 Gerhard 的其他文章有 *Automorphisms of Lie algebras*，还有一些关于李群及其自同构群的忠实表示（1978 *Pacific Journal*，他最后发表的论文）。这对我和 Fred GreenLeaf 的工作起到了帮助性的作用，这一工作发表于他的纪念论文集中（1980 *Pacific Journal*）。在 20 世纪 80 年代早期，Gerhard 还写了一篇关于格论的未发表的手稿，尽管所用的方法和我有很大的不同，但是这篇手稿还是对 1999 年我在《数学时代周报》（*Math Zeit*）上发表的论文产生了重要的影响。

Gerhard 在退休以后把精力转移到了摄影上，他在加拿大、亚利桑那、新墨西哥和其他地方的旅途中，拍摄了许多关于沙漠和雨林的美丽照片。他还对计算机生成图像（尤其是分形）产生了兴趣。他赠送给我和我夫人一些着色好的令人惊叹的图像，我们把它们装裱后挂了起来。一直以来，Gerhard 的工作

长期地影响着那些年轻的数学家。在此我仅仅列举两个例子。我的著作 *Basic Lie Theory*（出版于 2007 年，并且书是献给 Gerhard 的）的合作者 Hossein Abbaspour，一位低维拓扑学家，就曾经告诉我在他的研究过程中 Hochschild 上同调是如影随形的，并说过“在我的数学生涯中，Hochschild 的身影随处可见”的赞美之词。还有在 2009 年题为 *Cohomological Aspects of Complete Reducibility of Representations* 的论文中，我的一位学生 Yannis Farmakis 证明了如下定理：令 G 是一个局部紧群，H 是一个闭子群，ρ 是 G 在实或复 Banach 空间 V 上的一个连续表示。若 G/H 是紧的且有有限体积，并且 $\rho|H$ 是完全可约化的，那么 ρ 本身也是完全可约化的。定理的证明是基于连续模 V 的内射性和内射分解思想，而这个想法正是在 Hochschild-Mostow 的开创性论文 *Cohomology of Lie groups* 中发展起来的。为了把依附于 G-模 V 中的额外结构（可微性和可积性）考虑进来，这个想法是十分有必要的。

Nazih Nahlus[13)]

亦师亦友——Gerhard Hochschild

Hochschild 称得上是良师益友。不论是作为一个数学家还是一个普通人，他的谦虚与真诚都对我产生了难以磨灭的影响。

在 1980—1981 年间，我选修了 Hochschild 所开设的长达一年的李群课程。听他讲课称得上是一种享受。因此我询问他是否愿意成为我的指导老师。对此 Hochschild 答复说，由于他即将退休，跟随一名年轻老师学习对我来说比较好。然而幸运的是，他答应我会考虑此事。但是在看到我的资格考试结果之前，他不想做出任何承诺。在考试之前，我告诉 Hochschild 我猜想并证明了一个关于域上有限维李代数的消去律的结论。一开始他似乎对此有些怀疑，但第二天, 他告诉我，我的结论可以通过带算子的群理论得出。

尽管利用李群和李代数的知识已足够完成我的论文，Hochschild 仍建议我学习了解代数群和 Hopf 代数的相关理论。当我找工作需要一份关于我教学水平的推荐信的时候，我告诉 Hochschild，在我担任他课程助教工作三个学期之后，一个年长的同事把我的这些资料弄丢了。让我高兴的是，Hochschild 立即打电话给那位教员，并用非常严厉的口气“要求”他立即“找到我的资料”! 1986 年，我询问 Hochschild 是否对我论文中的结论感到满意（因为我已经摆脱了“在相差一个覆盖的意义下”的限制），他开玩笑说只有证明 Riemann 猜想才会令他印象深刻。同时他建议道，在博士毕业后，一个人应该找到属于自己的研究道路。但是那时的我感到自己还需要更多方向性的指导。这方面

[13)]Nazih Nahlus 是贝鲁特美国大学的数学系教授，他的 Email 地址是 nahlus@aub.edu.lb。

我要感谢 Andy Magid 的慷慨帮助，是他鼓励我在投射仿射代数群这个领域继续研究一个与 Hochschild-Mostow 理论相关的有趣问题。在 1993 年夏天我拜访 Hochschild 的时候，他表示对我的研究进展感到非常高兴。

在 1998—1999 年我利用休假访问伯克利时，Hochschild 告诉我说我的到来使得他能在下一年中继续拥有他的办公室。尽管那时候他已经不再从事数学研究，但在那些日子里，我仍然每周都会去拜访他，他会聆听我的想法并且给出一些意见，这一切极大地激励了我，对此我深表感激。

Hochschild 还是一个充满幽默感的人。记得当我告诉他我对胆固醇的担心时，他回答我说，"不必担心，终有一天，它们都会归零的"。他对理论物理的书籍也颇感兴趣，即使在这些书中，就像他对我说的那样，对一般读者的数学背景知识进行极大限度的贬低。

关于 Hochschild 的著作，他于 1981 年出版于 GTM 系列丛书的 *Basic Theory of Algebraic Groups and Lie Algebras*，在许多方面都给人留下了深刻的印象。首先，这本书是自成体系的，假设的预备知识仅仅是研究生一年级的代数课程。其次，在书中他对交换代数、代数几何（从而通向陪集簇）和李代数的描述完全可以作为这些课题的出色的入门教材。第三，这本书以短小精悍（约 260 页）的篇幅涵盖了极广泛的内容。最后，作为 21 世纪最伟大作者之一的作品，书中语言极其清晰。Hochschild 的另一本书 *The Structure of Lie Groups* 也得到了类似高度的评价，这本书以紧群的 Tannaka 对偶、覆盖空间和流形基础知识以及其他许多主题作为全书的开端。

编者按：本文节选译自 Notices of the AMS (Volume 58, Number 8): *Gerhard Hochschild* (1915—2010)。

素心深考

——广中伉俪印象[1)]

郭友中

郭友中（1934—），男，1955年毕业于南京工学院。长期在中国科学院从事数理科学研究；历任中国科学院数学计算技术研究所所长助手（1963），研究员，常务副所长，学术委员会主任（1979）；上海工业大学、武汉测绘科技大学、华中理工大学（建筑系主任）、武汉大学、中国地质大学（地学与应用数学研究所所长）等八所院校教授；中国力学学会现代数学与力学专业委员会主任，中国工业与应用数学学会副理事长，武汉工业与应用数学研究所所长。

举世瞩目的诺贝尔奖中没有设数学奖，真正原因无法考证。其实，数学上也有一项堪与诺贝尔奖媲美的大奖，是以加拿大数学家 John Charles Fields 命名的菲尔兹奖。它的得主是从世界范围内一流数学家中产生的，且年龄不能大于 40 岁；其权威性与国际性是其他奖项无法比拟的。当代数学的重要进展几乎都有菲尔兹奖得主的杰出贡献。他们是当代数学受之无愧的代表。在他们的工作中可以见到数学领域不断分化、互相渗透、层层交叉而又协调发展的整体化趋势以及非线性、随机性和大范围性的特点。他们中的许多人博学多才，横绝一世。本文的主人翁，广中平佑教授即是菲尔兹奖得主中的一员：他完全解决了特征零情形任意维数代数簇的奇点解消问题，建立了相应定理，并把这一结果向复流形推广，对一般奇点理论做出了贡献。他们的光辉业绩深深吸引着人们探索科学巨星的生活道路和成功奥秘。

广中夫妇访问中国

1984 年初，中国科学院武汉物理与数学研究所以所长——著名数学家李国平教授的名义发函正式邀请广中平佑教授夫妇来华访问。我时任中国科学院武汉物理与数学研究所教授、学术委员会主任、副所长、数学物理研究室主

[1)]本文由作者委托吴帆博士作了校改。然后编辑又略作文字删改，并在文后附上广中先生应吴博士之请为本文的题字。

作客广中夫妇在京都家中

任，主管科学研究，因而有幸与广中伉俪在国内外有过一段难忘的经历，结下了深厚的友谊；有机会近距离了解、学习和研究他们学科上的精湛技艺和超凡成就，深入了解他们奋斗的一生，特别是，他们的顽强意志、深邃思想以及美好心灵。这是本文重点。

广中在中科院数理所作报告

广中教授 1931 年 4 月 9 日生于日本山口县，1954 年毕业于京都大学理学部，1956 年修完研究生院数学课程，次年就读哈佛大学；与作家广中和歌子（出生于 1935 年 5 月 11 日）相识、相恋，于 1960 年喜结连理。

他童年时代历尽坎坷，后来长期生活在高浓度、高水平的学术环境之中，造就了他坚韧的品格，使得他个人的勤奋与智慧起了非线性作用。

1960 年获博士学位；4 年后，广中成功地解决了代数几何的一个著名难题——奇点解消问题；1968 年起在哈佛任教。

1970 年 9 月 2 日因彻底解决奇点解消问题而荣获菲尔兹奖，同时获日本学士院奖，1975 年得日本国文化勋章，次年入选日本学士院院士。他是京都大学数理解析研究所所长（1983—1985）、美国哈佛大学教授、日本山口大学校长。

他夫人广中和歌子是京都市教育委员会委员、日本参议院议员、民主党副代表，曾任国务大臣环境厅长官，2010 年获旭日大绶章。他俩都身兼数职，忙于事业，而广中教授每年还另有一半时间在哈佛工作。

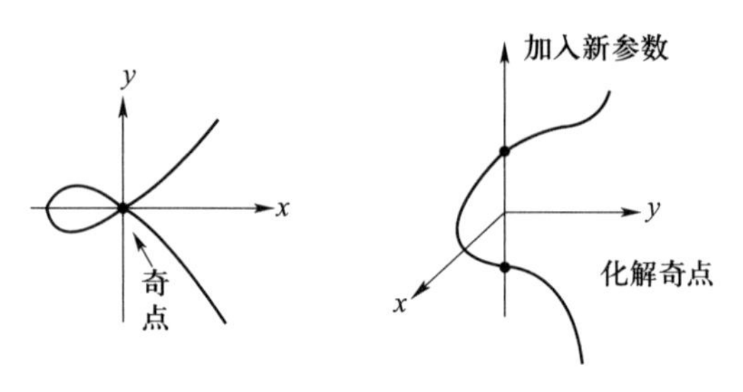

奇点解消示意图

1984 年 4 月，广中教授回到日本，立即复信以极大的喜悦接受了中国之行的邀请；11 月 17 日，广中夫妇按我们双方商定的日程，经上海于次日飞抵武汉。

李老与我一起亲自去机场迎接，并一直驱车送他们到当年武汉最好的晴川饭店下榻。这天碧空万里，寓处居高临江，极目楚天，使人心旷神怡。

广中夫妇说一口流利的英语，待李老以夫子礼，献茶进酒，热情诚挚。李老则问及当年在日本留学时期的许多师友，得知他们多已业成功就，留名青史；有的健在，有的已然作古；天南海北，一见如故。

第二天，来自全国各地的数学工作者以及慕名而来的听众，聚集一堂，座无虚席，等待广中教授作题为《奇点解消》的报告。

学术报告会由我主持，李国平教授致辞热烈欢迎。数学是严峻的，真理是质朴的。广中教授是一位质朴的人。他精力充沛，讲话充满活力，演讲紧紧扣住了听众的心弦。

奇点解消问题是现代数学的一大世界难题，它的艰难与高深甚至使得非本行的数学家也不容易听懂他的演讲，更何况是用描述性的语言面对广大听众！广中教授当然知道它的难度。因此，演讲一开始他就举了不少有趣的实例。他用简朴的语言，从过山车在空间轨道的光滑流畅与它在地面的影子出现交点来说明奇点解消：这个交点就是奇点，在过山车轨道上它们却在不同高度，因而不存在奇点，于是轨道成为其投影的奇点解消。在数学上这种做法叫作“爆发”。广中一步步把听众带进现代代数几何那严密神奇而又使人望而却步的世界。

广中在主持座谈

此后，他每天应邀在我所和武汉大学等地做报告或进行学术交流。每次他的报告一完，不等他说“谢谢各位”，台下就报以一片热烈的掌声。听众说，听他的报告犹如一种享受，每句话每个字都可以看到这位思想深刻、独创性出众的数学家的才智。

广中夫人则对中国的幼儿教育和妇女工作倍感兴趣，组织了多次参观访问、座谈讨论，留给大家许多异国经验与温馨。

京都大学吉田校区

几天来，我们朝夕相处，增加了相互了解并结下深厚友谊。工作之余，广中夫妇参观和游览了风景如画的东湖、长江三大禅寺之一的归元寺以及省博物馆收藏的出土文物隋朝大型编钟，访问了历史悠久的武汉大学、中国科学院在武汉的研究所以及名闻中外的武汉钢铁公司。

广中夫人则对我国的社会发展以及人们的生活习惯倾注了极大的兴趣。在广中教授讲学期间，她由担任日语口译的高明芝同志陪同游览了市容，访问了武汉大学附中以及武汉商场等地，给人们留下了娴静善良的微笑和真诚的情谊，也使我们更多、更直接地从侧面了解了广中教授的生活、学习和事业。

武汉之行在愉快的气氛中很快就要结束了。广中夫妇想到远在日本的朋友，为他们选购了许多精美的印石——刻上朋友和自己的名字。这该是多么好的纪念：刻在石上，刻在心里！

临行前，他又将一本自传式的书《生活与学习》送给了我。

24 日，李老设午宴送别广中夫妇，宾主频频举杯。

午后，他们由高明芝全程陪同离开武汉，取道桂林，28 日抵达北京，受到中国科学院系统科学研究所著名数学家吴文俊教授等的热情接待。

中国科学院数学研究所著名数学家华罗庚教授和北京大学校长丁石孙教授，分别于 29 日和 30 日设宴为广中教授洗尘。

30 日下午 2 点正，广中教授圆满完成对我国的访问，满载着中国人民的友谊登上了回国的班机。广中夫妇给我们留下了极为深刻的印象，并与我们结下了极为深厚的友谊。

《生活与学习》

宋人黄庭坚说过："随人作计终后人，自成一家始逼真。"这也许就是《生活与学习》这本书的内容和文字深深地打动我们的原因。它名曰自传，实际上是一本有关人生的教科书。

就像作者自己说的："这本书是为青年人写的。"广中在 15 个兄弟姐妹中排行第七，他生动地记述了自己苦难的童年、家庭的变迁、逆境的锤炼和创造的欢快与喜悦——"它只有自己才能体会到，是发掘了自己完全没有意想到的才能与天赋的欢快，是对自身有了更加深入的认识与理解的喜悦"。

作者通过描写父母和亲朋以及事业的失败和挫折，以朴实无华的语言向读者奉献了一颗质朴的心。

在日本国会和歌子办公室

此书于 1984 年 1 月初版，到同年 11 月，短短 10 个月中竟然 5 次印刷，成为日本最为畅销的书籍之一。

读完这本好书，久久不能平静，再次体会到黄庭坚这话的哲理。我们很快就将它译成中文，作家李建丰女士建议改用书名《创造之门》，在她的大力帮助下，于 1991 年 8 月由中国华侨出版公司出版发行，献给了广大读者。这本书详实地再现了广中教授的生活和学习。我们似乎看到了眨着天真的眼睛、向自己双亲求教的童年时代的广中；看到了他对真理与友谊执着的追求；看到了他走过的不平坦的旅途以及高尚的志趣和献身数学的道路；也看到了他和妻子对生活和生命的爱、对中国人民的友谊。

《创造之门》

人的一生，往事在记忆的长河中任漫漫的时间磨洗，有的模糊褪色，有的却变得分外晶莹透明，成为一种前进的动力。

每个人都能在自己的往事中找到晶莹的回忆。在日本，我向他俩讲了下面的故事：1947 年，我初中毕业准备报考杭州高级中学。这所中学素负盛名，它的毕业生可以免试进入我国一些享誉中外的大学。

我的外婆是一位虔诚的佛教信徒，因此她默默地为我祈祷。阴历七月六日晚上，她提醒我，叫我早点就寝以便第二天跟她去看巧云，巧云相传就是银河上的鹊桥。

参观地震检测实验室

据说 7 月 7 日牛郎与织女一年一度踏着巧云飞渡银河阻隔相会。如果谁见到了巧云，就会有好运气，考生一定能考取学校。这种披上强烈神话色彩的自然现象深深地吸引着人们。

翌晨四点钟，外婆把我从睡梦中叫醒，搀着我登上城楼高处。黎明前，天际一片铁青，远方山脊上黑云朵朵，天好像要下雨。

外婆很为外孙的运气担心，看来巧云是看不到了，但她仍然期待着。这时，东方渐渐现出鱼肚白，黑云边上突然镶上了细小而均匀的银边。这银边逐渐变宽，由白而红，成了金边。

就在这时外婆拉着我的手突然握紧了。金边在继续变亮中宛若在漆黑的深夜里遥看平炉出钢，刹那间金边如同钢花四溅，由东而西横贯天空，抖开的七彩长虹划破长空，把蓝天劈成两个半球。

我们不禁大叫起来，这时始闻远方也传来点点掌声和欢呼声。彩虹慢慢变亮，变淡，最后金光普照，艳红升起……

这是祖辈传下来的天文观测与经验。它与中学物理课上解释阳光经大气水珠折射、反射产生虹的机制，虹出现在与太阳相对位置的论证又是多么不同。

一个多花甲过去了，我再也没有看到过巧云，也没有见到任何书刊介绍过这种罕见的天气现象。这个外婆认为天经地义的事实，虽在冥冥之中始终激励着我对科学的追求，并和另一些往事一样，在我们的记忆中闪光，却还都不曾如广中教授那样以挑战的精神，在艰苦的探索中开启创造之门，揭示星空众多的奥秘，领略巧云一样辉煌的人生，去告诉人们："只有有所创造的人生，才是最有意义的人生!"

广中教授认真听完我的故事后说："太有趣了，需要是创造之母。"他本人就是这样：一旦发现那是研究需要，他就会一往直前，不管经历多少次失败都义无反顾。

1954 年，他开始自学代数几何，同年进入研究生院，又加入老师秋月康夫（Yasuo Akizuki）教授的代数几何讨论班。他们这个集体对这门艰深的学科如饥似渴地追求，造就了不少有国际声誉的现代数学家。

1956 年，美国的代数几何学大师 Oscar Zariski 来日本讲学一个月，参加了秋月康夫的一个讨论班，作了 14 次报告。这个讨论班的成员有永田雅宜、松村英之、户田宏、伊藤清、井草准一等一共 10 人，后来都成了著名的数学家。

广中报告了他的工作，尽管他的英语表达让 Zariski 不太舒服，但是他第二篇论文的报告确实受到了 Zariski 的赏识，出人意料地得到推荐；于次年去哈佛大学留学。广中回忆说：这对当时的日本青年来说，确实是美梦成真。

这里英才云集，传奇式的怪杰 Alexander Grothendieck 每年都来讲学，形成了以 Zariski 教授为中心的学派，带来了代数几何的一次飞跃。广中在这里如鱼得水，突飞猛进。这对他的一生无疑起了决定性的作用。在这里他对奇点解消问题经历了长期艰苦的思索，几经成功的喜悦，失败的煎熬，百折

休息日和茂木清夫教授在东京大学数学系及京都大学数学系

不回。

获哈佛博士学位后，广中一边在布兰迪斯大学任教，一边重又参加了哈佛的讨论班，对此问题再一次发起冲刺。

一天 Zariski 对他说："你得有副好牙去啃。"1964 年，在布兰迪斯的第二年，积多年的努力，广中终于彻底解决了奇点解消问题；他迫切地打电话告诉了 Zariski。

经讨论班逐一审定，他们认为此项工作攀登了科学的顶峰。消息一经公开，Zariski 似乎还是不太相信，他问广中："你的结果还是个定理吗？"当然，准确无误。

京都大学数理解析研究所

接着广中开始把研究成果写成论文：常常是晚上 10 点开始写，写到第二天凌晨 5 点，每天只睡三四个小时；然后妻子和歌子起床，数一下新稿页码，打印出来。反反复复用了整整一个月，完成了一部长达 218 页的巨著，分两期发表在《数学年刊》(*Annals of Mathematics*) 上。

后来，数学界戏称它为广中的“电话黄页”。广中做出了移动群山的贡献，推动了数理科学的发展，成为当今哈佛大学代数几何学派两大台柱之一，而这一切都没有任何物质上的刻意追求。在京都大学他把这部巨著的一个复印本送给了我。

他告诉我们的体会是：一个人的一生，学习、创造固然重要，但更重要的是要有为科学奋斗、朴实无华、自强不息的精神——质朴的心。《创造之门》之所以可贵，不但在于它无保留地奉献了一个科学家事业上的成功之路，更其重要的是它用事例揭示了一个科学家的美好心灵、价值观和学术观。

素朴的心

人们说到科学家，特别是青年人说到科学家，总以为他们多少有些性格怪僻。其实不然，我们上面依次提到的李老、吴老和华老都不是这样。广中教授也不是这样，看看他俩在旅途中短短的一天就会知道：他们无论是对工作还是对生活都有一颗质朴的心。“素心深考”则是广中的座右铭。

27 日凌晨一点半，所里决定他俩由高明芝全程陪同从桂林前往北京。11 月的天气，北方已经开始降雪。由于旅客拥挤，列车临时加挂了一节车厢，因此无法正常供暖。广中夫妇的包厢中还有高和另一位老太太。

高明芝由于走得匆忙，没有多带衣服，广中教授立即要将自己的毛衣脱给他。因为加挂的车厢在行李车的后面，每次去餐车用膳都得跨越重重货物，在行李物件中迂回穿梭。作为东道主，高明芝为此十分内疚，而广中夫妇却风趣地为他排忧，说这是很好的运动!

27 日白天，硬卧车厢的一个小女孩到广中教授夫妇的包厢来玩，并送糖给大家吃。广中教授吃了一颗，用糖袋给小女孩折了一只精巧的小仙鹤。这下小女孩的拘束感全部消失了，她拿来彩纸和剪刀要学技术。广中夫人真耐心，手把手一直到将小女孩教会。他们还与那位老太太拉起了家常，询问新中国成立前的生活、抗日战争期间的苦难以及当今的变化。

到了晚上，广中教授发现老太太的老伴坐在包厢外面，以为他没有铺位，于是就跟夫人商量，两个人合睡一个床位，空出一张床来让那位老大爷睡。并且说干就干，马上请夫人爬到他的上铺试了试。高明芝听到后，连忙去问老大爷，向他说明来意，才知他买有硬卧铺位，只是为了照顾老伴才到这里坐坐，连声感激广中夫妇。

这就是生活里的广中夫妇：平凡、质朴、真诚!

初访日本

1986 年的初冬，广中教授邀请我首次访问日本。我于 1986 年 11 月 20 日至 12 月 19 日，首次访问了京都、东京、筑波和名古屋的 4 所著名大学及十几间研究所。这一年，由于广场协议，日本经济陷入衰退，物价陷入通缩。

人称“科学家的摇篮”的京都大学，在科学研究上的成就与贡献在日本首屈一指，在日本古都京都有着三个校区和悠久的传统和历史文化。远离政治和繁华的商业街区，宁静古朴的校园，赏心悦目的自然环境，是学者潜心治学的理想场所。

作为客座教授，数理解析研究所所长岛田信夫（1979—1983，1985—1987）为我们安排了专用的教室（研究室）；研究所自由独特的学术空气、宽松的人际关系带来累累成果，汇集了四海才俊。

广中教授伉俪在百忙之中，始终关心我的日程和计划：工作、休闲、生活的每个细节。在他的安排下我结识了日本 40 多位数理科学、计算机科学与地学方面杰出的老中青科学工作者、教授和专家，包括日本数学学会理事长、沃尔夫奖和首位高斯奖获得者伊藤清教授（1976—1979 年任数理解析研究所所长，李老留日时的同窗，广中的老师），计算复杂性专家一松信教授和森口繁一教授，以及日本政府地震预报联络会会长、东京大学的茂木清夫教授等，为我的访问、讲学和学术讨论提供了一切方便。

广中教授知道我老师和我是《数理地震学》的创始人，于是不厌其烦，特别安排介绍地震的著名教授，并亲自陪同考察了犬山地震现场，参观了地震检测实验室，进行了详细交流。

广中教授对我负责（执行）主编出版的、中国科学院学术期刊《数学物理学报》颇有好评，特别引介了日本同行执行主编森平勇三先生。一天，宾主首次见面，行跪拜礼毕，森平走到我身边，沉重地为二战中日军侵略了中国而道歉！接着，微笑着向我介绍《数理科学》（*Mathematical Sciences*）杂志创刊以来的沿革，他说：现在杂志除定期出版外，还有按专题出版的增刊，并商定了我们两刊的互赠关系。《数理科学》对我个人一直按期赠阅到如今，还特别两次发文报道了我的访问。2007 年起，森平勇三先生退休，主编由木下敏孝继任；2015 年他入赘森平家，成为森平敏孝，传为佳话。

一次做报告时，因我衬衣领口摩擦，颈部发炎多时的粉瘤穿孔了，入住医院进行手术，未留疤痕。切身体验到，与日本护理相比，我国尚有很大差距。日本亦是个礼仪之邦。自入院起，护士便到门诊部迎接病人，介绍病房环境和有关制度，收集新病人信息。每天晨会交接班，进行环境整理；向病人问好（并作自我介绍），病人也非常礼貌，相互尊重、彬彬有礼。了解病人体温、脉搏、血压、饮食、排泄等，通报当天的治疗和检查（日本静脉输液由医生执行，护士协助）。午休一小时。下午，根据病情和病人要求提供各项生活护理（如洗头、洗澡、擦澡等）；收写各种护理病历和计划。这些都体现了日本国民的素质。病房内未见有发生脸红争吵的现象，医患关系融洽，病人对医护人员高度信任。病人出院，都会到办公室与医生护士道谢，医生护士会站在办公室门口目送病人进电梯。他们热爱工作，认真负责，敬业乐群，公私分明，绝没有迟到早退现象。

岛田信夫、郭友中、伊藤清、广中平佑

非常感谢广中夫妇的盛情邀请，我原来被安排在东京第一宾馆住宿，已是非常方便；他俩尚嫌欠妥，特别让我住在他们（东京和京都）充满阳光和温馥的家中，给予特殊的礼遇，并告诉我：衣橱中的衣物，冰箱中的食品，乃至家中钱币均可自由取用。感谢他俩的尊重和信任，使我得以有了直接了解这对英才夫妇的顽强意志、深刻思想、创新精神以及美好心灵的许多宝贵机会。

我至今仍感到特别不安的是，住在奥林匹克会所期间，他俩几乎天天去看望我们。为让我过好周末、节假日，特别给了一个电炉，方便和朋友们（特别是中国留学生和访问学者们）聚餐。由于留学生对电炉使用不当，不小心洗手间地板起火，烧坏了一大块。广中夫人不但没有半点不悦的表示，赔了地板不算，反倒要会所负责人安抚我们，充分表现出她的真挚、素养和高雅。

在日本期间，还有许多日本朋友因接待我而在会场上听到或见到广中伉俪的音容笑貌，从而特别向我感谢的。这最好不过地表达了广中夫妇在人民心目中的地位和日本人民尊重科学、尊重知识的美德。这就是工作中的广中夫妇：严密、素心、深考！

多年来，双方建立了长期的学术交流，广中教授给我们所寄来过上千本丛刊。我们常在不同场合将他们的学术成就、敬业精神和对中国人民的深厚情谊陆续介绍给我们的朋友；他们对科学研究的艰辛付出、远见卓识、非凡成就，岁月历炼所表现的勇气魄力、坚持毅力，他们对友谊的素心纯真、信任支持，都是我们及后辈难得的榜样。因此，《创造之门》受到我国青年的热烈欢迎，不久就销售一空；许多读者和朋友为此来信、来电，询问再版消息！为了纪念这段美好的情谊，我会将作者赠送的另一姐妹作《可变思维与创造》与《创造之门》编译在一起，此外增添自己新的感受作为一个有机部分，尽力再版《创造之门》。

中日两国是一衣带水的邻邦，愿我们两国人民世世代代友好下去！

附：广中平佑先生为本文的题字及吴帆博士的说明

广中教授的题字，语出陶渊明《归园田居》之“种苗在东皋”篇。本文标题“素心深考”即为广中教授座右铭。当我请求广中教授为本期专辑题字时，广中教授马上说他平生最爱的诗人是陶渊明，因为他追求恬淡自适、清净天然的境界，不为世俗名利所动。见我一时没有反应过来“陶渊明”的日语发音，广中教授提示说那个诗人喜爱菊花，首次描写了“世外桃源”。我明白过来，写下“陶渊明”三个字。他连连称是，然后继续说道陶诗中出现最多的关键字是“素”字，陶渊明描写“素心”的诗句塑造了幼小广中的人生观。他于是决定题“素心正如此”诗句，可是突然记不起来下句了。我连忙搜索出下句，告诉他是“开径望三益”，他很高兴，结果又发现自己忘了怎么写“径”字。因为发觉广中先生执笔已经有些颤抖，我不好意思再麻烦他涂改，只好

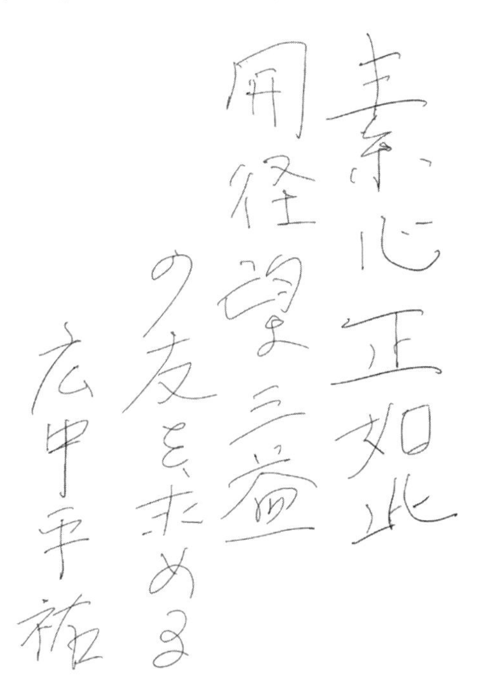

作罢。写完之后广中解释了这句诗，用日文背诵了《论语》中“三益”的出典（孔子曰：“益者三友 …… 友直，友谅，友多闻，益矣。”），因而有了末尾的“三益の友を求める”（寻求三益之友）。

“素心”不仅是广中先生为人的向导，也是他治学的追求。我见到许多中文资料里把广中描述成家境贫寒，在逆境中一路奋斗出来的励志典型，其实不然。广中本人在十天前的同窗会上即说到他幼年时代家境富裕，虽然兄弟姊妹众多，可也没有感受到什么经济负担。广中不是中国人臆想中典型的好学生。他自小聪明好问，可学习成绩并不突出，加上家里有条件为他提供优秀的人文艺术教育，这使得他从小的梦想不是做演员就是做音乐家。高中时广中听到广岛大学一位数学教授的演讲，被深深吸引，这才决定发奋学习投考广岛大学数学系。可因为他之前基础太弱，第一次高考没有考中。之后他转考京大，不过这次因为汤川秀树获得诺奖，他的志愿变成了物理系。参加秋月康夫的讨论班，如文中所述，才是广中走向数学的开端。广中的家境确实在他念中学时由盛而衰，主要是因为战争导致经济凋敝，战后又开展土改，作为原先大地主的广中家自然产业大减。广中战时确实去工厂做工，但那不是什么勤工俭学补贴家用，而是战时全民动员到兵工厂“勤劳奉仕”。总之，广中的前半生基本上是无忧无虑地成长，在优裕的生活与教育条件下培育出来浓厚的人文性，保全了“素心”的天性。我想，广中真实的成长历程对我们的教育才更有启发意义。

科学素养丛书

(书号前缀为 978-7-04-0xxxxx-x)

序号	书号	书名	著译者
1	29584-9	数学与人文	丘成桐 等 主编, 姚恩瑜 副主编
2	29623-5	传奇数学家华罗庚	丘成桐 等 主编, 冯克勤 副主编
3	31490-8	陈省身与几何学的发展	丘成桐 等 主编, 王善平 副主编
4	32286-6	女性与数学	丘成桐 等 主编, 李文林 副主编
5	32285-9	数学与教育	丘成桐 等 主编, 张英伯 副主编
6	34534-6	数学无处不在	丘成桐 等 主编, 李方 副主编
7	34149-2	魅力数学	丘成桐 等 主编, 李文林 副主编
8	34304-5	数学与求学	丘成桐 等 主编, 张英伯 副主编
9	35151-4	回望数学	丘成桐 等 主编, 李方 副主编
10	38035-4	数学前沿	丘成桐 等 主编, 曲安京 副主编
11	38230-3	好的数学	丘成桐 等 主编, 曲安京 副主编
12	29484-2	百年数学	丘成桐 等 主编, 李文林 副主编
13	39130-5	数学与对称	丘成桐 等 主编, 王善平 副主编
14	41221-5	数学与科学	丘成桐 等 主编, 张顺燕 副主编
15	41222-2	与数学大师面对面	丘成桐 等 主编, 徐浩 副主编
16	42242-9	数学与生活	丘成桐 等 主编, 徐浩 副主编
17	42812-4	数学的艺术	丘成桐 等 主编, 李方 副主编
18	42831-5	数学的应用	丘成桐 等 主编, 姚恩瑜 副主编
19	45365-2	丘成桐的数学人生	丘成桐 等 主编, 徐浩 副主编
20	44996-9	数学的教与学	丘成桐 等 主编, 张英伯 副主编
21	46505-1	数学百草园	丘成桐 等 主编, 杨静 副主编
22	48737-4	数学竞赛和数学研究	丘成桐 等 主编, 熊斌 副主编
23	49517-1	数学群星璀璨	丘成桐 等 主编, 王善平 副主编
24	49744-1	改革开放前后的中外数学交流	丘成桐 等 主编, 李方 副主编
25	35167-5	Klein 数学讲座	F. 克莱因 著, 陈光还 译, 徐佩 校
26	35182-8	Littlewood 数学随笔集	J. E. 李特尔伍德 著, 李培廉 译
27	33995-6	直观几何 (上册)	D. 希尔伯特 等著, 王联芳 译, 江泽涵 校
28	33994-9	直观几何 (下册)	D. 希尔伯特 等著, 王联芳、齐民友译
29	36759-1	惠更斯与巴罗, 牛顿与胡克 —— 数学分析与突变理论的起步, 从渐伸线到准晶体	В. И. 阿诺尔德 著, 李培廉 译
30	35175-0	生命 艺术 几何	M. 吉卡 著, 盛立人 译
31	37820-7	关于概率的哲学随笔	P. S. 拉普拉斯 著, 龚光鲁、钱敏平 译
32	39360-6	代数基本概念	I. R. 沙法列维奇 著，李福安 译
33	41675-6	圆与球	W. 布拉施克著，苏步青 译
34	43237-4	数学的世界 I	J. R. 纽曼 编，王善平 李璐 译
35	44640-1	数学的世界 II	J. R. 纽曼 编，李文林 等译
36	43699-0	数学的世界 III	J. R. 纽曼 编，王耀东 等译

续表

序号	书号	书名	著译者
37	45070-5	对称的观念在19世纪的演变: Klein 和 Lie	I. M. 亚格洛姆 著，赵振江 译
38	45494-9	泛函分析史	J. 迪厄多内 著，曲安京、李亚亚 等译
39	46746-8	Milnor眼中的数学和数学家	J. 米尔诺 著，赵学志、熊金城 译
40		数学简史（第四版）	D. J. 斯特洛伊克 著，胡滨 译
41	47776-4	数学欣赏（论数与形）	H. 拉德马赫、O. 特普利茨 著，左平 译
42	31208-9	数学及其历史	John Stillwell 著, 袁向东、冯绪宁 译
43	44409-4	数学天书中的证明 (第五版)	Martin Aigner 等著, 冯荣权 等译
44	30530-2	解码者：数学探秘之旅	Jean F. Dars 等著, 李锋 译
45	29213-8	数论：从汉穆拉比到勒让德的历史导引	A. Weil 著, 胥鸣伟 译
46	28886-5	数学在 19 世纪的发展 (第一卷)	F. Kelin 著, 齐民友 译
47	32284-2	数学在 19 世纪的发展 (第二卷)	F. Kelin 著, 李培廉 译
48	17389-5	初等几何的著名问题	F. Kelin 著, 沈一兵 译
49	25382-5	著名几何问题及其解法：尺规作图的历史	B. Bold 著, 郑元禄 译
50	25383-2	趣味密码术与密写术	M. Gardner 著, 王善平 译
51	26230-8	莫斯科智力游戏：359 道数学趣味题	B. A. Kordemsky 著, 叶其孝 译
52	36893-2	数学之英文写作	汤涛、丁玖 著
53	35148-4	智者的困惑 —— 混沌分形漫谈	丁玖 著
54	47951-5	计数之乐	T. W. Körner 著，涂泓 译，冯承天 校译
55	47174-8	来自德国的数学盛宴	Ehrhard Behrends 等著，邱予嘉 译
56	48369-7	妙思统计（第四版）	Uri Bram 著，彭英之 译

图书在版编目（CIP）数据

改革开放前后的中外数学交流 / 丘成桐等主编. --
北京: 高等教育出版社, 2018. 6
（数学与人文）
ISBN 978-7-04-049744-1

Ⅰ. ①改… Ⅱ. ①丘… Ⅲ. ①数学–普及读物 Ⅳ.
①O1-49

中国版本图书馆 CIP 数据核字（2018）第 107241 号

策划编辑　李　鹏
责任编辑　李　鹏　和　静
封面设计　王凌波
版式设计　童　丹
责任校对　窦丽娜
责任印制　赵义民

出版发行　高等教育出版社
社　　址　北京市西城区德外大街 4 号
邮政编码　100120
购书热线　010-58581118
咨询电话　400-810-0598
网　　址　http://www.hep.edu.cn
　　　　　http://www.hep.com.cn
网上订购　http://www.hepmall.com.cn
　　　　　http://www.hepmall.com
　　　　　http://www.hepmall.cn
印　　刷　北京中科印刷有限公司
开　　本　787mm × 1092mm　1/16
印　　张　10.5
字　　数　190 千字
版　　次　2018 年 6 月第 1 版
印　　次　2018 年 6 月第 1 次印刷
定　　价　29.00 元

物 料 号　49744-00